U0584800

| 博士生导师学术文库 |

A Library of Academics by
Ph.D.Supervisors

构建适应绿色发展的
环境管理体系研究

———·———

李 岩 著

光明日报出版社

图书在版编目（CIP）数据

构建适应绿色发展的环境管理体系研究 / 李岩著
.-- 北京：光明日报出版社，2019.9
（博士生导师学术文库）

ISBN 978-7-5194-5021-2

Ⅰ.①构… Ⅱ.①李… Ⅲ.①环境管理系统—研究—
中国 Ⅳ.① X32

中国版本图书馆 CIP 数据核字（2019）第 250801 号

构建适应绿色发展的环境管理体系研究

GOUJIAN SHIYING LVSE FAZHAN DE HUANJING GUANLI TIXI YANJIU

著　　者：李　岩

责任编辑：杨　娜　　　　　　　责任校对：赵呜呜
封面设计：一站出版网　　　　　责任印制：曹　净

出版发行：光明日报出版社
地　　址：北京市西城区永安路 106 号，100050
电　　话：010-63139890（咨询），63131930(邮购)
传　　真：010-63131930
网　　址：http://book.gmw.cn
E - mail：yangna@gmw.cn
法律顾问：北京德恒律师事务所龚柳方律师

印　　刷：三河市华东印刷有限公司
装　　订：三河市华东印刷有限公司
本书如有破损、缺页、装订错误，请与本社联系调换，电话：010-63131930

开　　本：170mm×240mm
字　　数：163 千字　　　　　　印　　张：13.5
版　　次：2020 年 1 月第 1 版　　印　　次：2020 年 1 月第 1 次印刷
书　　号：ISBN 978-7-5194-5021-2

定　　价：89.00 元

版权所有　　翻印必究

目　录
CONTENTS

第一章　绪论

第一节　环境管理协调经济发展与环境之间的矛盾

一、经济发展与资源环境之间的矛盾

人类的所有经济活动都离不开自然系统，自然系统是社会发展的物质支撑基础。当人类的生产力水平较低时，对自然系统的干预能力有限，社会经济活动与自然系统的矛盾并不突出和明显。但是随着生产力水平不断提升，特别是工业革命之后，科学技术得到长足发展，大规模的机器化生产代替人的手工作业，人类对自然进行前所未有的大规模开发和利用，人与自然的矛盾日益凸显。当人们享受工业化革命带来的丰富的物质生活之后，以大气污染、水污染、土壤退化、森林覆盖率下降等为代表的环境问题逐渐突出，经济发展与资源环境之间的矛盾发生了实质性的变化，资源与环境成为人类发展的重要约束性条件，由此引发了一系列的环境问题。

环境问题源于人类改造自然的经济活动，它不仅仅包括人类与自然系统的关系，还包括人类与社会经济系统的关系。社会系统协

调人与经济活动之间的关系，并在很大程度上影响经济活动的走向和方式。尽管环境问题的表现形式多种多样，如大气污染、全球变暖、水污染、土壤污染及生态系统功能的退化等，但环境问题归根结底是自然系统和人类社会经济系统之间的物质流交换产生的结果，见图1-1。

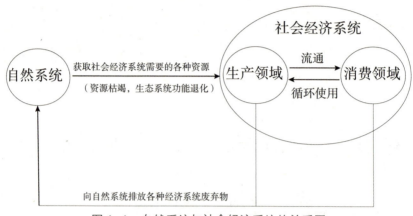

图1-1　自然系统与社会经济系统的关系图

　　一方面，自然系统为人们的社会经济系统提供了重要的物质基础。人们从自然系统中获取各种资源（包括能源），通过生产将其转化成具有各种使用功能的产品；在原材料向产品不完全转化的过程中产生的各种废弃物和污染物，以及产品消费过程中产生的废弃物在失去其最终的使用价值被废弃后，都将回到自然系统之中。自然系统的资源包括可再生和不可再生两种形态，不可再生资源是地球在四十六亿年的运转过程中长期不断累积而形成的，在有限的时间范围内很难重新产生。可再生资源具有可再生性，例如植物、动物等均具有一定的繁殖再生能力，但是这种再生能力是受自然规律限制的。人类经济活动能力有限，从自然系统摄取资源和能源的能力有限，不可再生资源的递减速度有限，可再生资源的再生速度稳定，因而经济发展对自然系统的压力并不明显。古典经济学的理论也没有将自然禀赋作为稀缺资源计入经济发展的限制性条件。但随着经济规模的不断扩大、经济活动的日益频繁，人类活动与自然规律之间的矛盾越来越明显、突出，不可再生资源锐减，可再生资源的开采和利用速度远远超过其再生速度，出现了资源枯竭问题，这些矛盾逐渐导致生态系统的功能退化乃至丧失。

另一方面，经济系统的生产和消费不断向自然系统排放各种废弃物和污染物，当排放的量超过自然系统的自净能力就会出现各种各样的污染问题。在工业社会高速发展阶段，工业产业的资源枯竭和污染问题最先凸显，因而工业生产的污染排放首先被人们所关注和研究。在很长一段时间内，人们往往把环境问题看作是技术问题，生产过程的物质转化受制于技术水平，不能实现百分百的转化，把不能转化的部分以污染物和废弃物的形态排放到自然界。伴随技术的提高可以大大提高转化效率，从而降低污染程度。但当技术应用于复杂社会系统时其作用往往是多方面的，在很多时候削弱甚至消灭了技术进步带来的环境正效应。技术是解决环境问题的必要条件但不是充分条件，没有技术往往不能解决环境问题，但技术不是万能的，如果不能协调与人类社会经济系统的关系，技术并不能从根本上解决环境污染问题。此外，在传统农业逐渐向现代化农业转化趋势下，农业生产力得到极大提升，但同时农业的面源污染也越来越凸显。

经济系统运作的本质是通过生产的转化将各种资源转化为具有不同使用功能的产品。以物质守恒的观点来看，生产转化过程中绝大部分物质能转化为产品，只有少量不能完全转化的物质才被当作生产过程的废弃物和污染物排放到自然系统中。当产品具有使用功能时，其在经济系统中就能发挥作用；当产品失去使用功能后，就会通过各种途径进入自然系统。因而，随着消费规模不断扩大，消费领域的污染问题越来越受到重视。

所有环境问题产生的最终根源都是自然系统和社会经济系统的物质流交换，从自然系统到社会经济系统的正向物质流会产生的问题有资源枯竭、生态系统功能退化等，而从社会经济系统到自然系统的逆向物质流会产生的问题有污染。所以，解决环境问题关键需要控制物质流。经济社会的一切活动都离不开自然系统的物质支撑，传统模式的经济增长严重依赖于自然资源的开发与利用。经济社会最大局限就是经济越发展，对资源的使用越频繁、越过度，随之而来的环境污染问题也越发严重。

解决环境问题除了运用技术进步调整人类与自然的关系外，还需要调整人类自身的经济活动方式，改变以往的经济模式，延长自然资源在经济系统内具有使用功能的时间，用较少的物质量满足更多经济发展的功能性需求。人类也在不断探索与环境更相适应的经济发展模式：从生产过程的末端治理到污染预防和清洁生产，从线性经济转化循环经济，从不可持续逐渐走向可持续发展、可持续的生产与消费。这些探索一直在社会实践中不断得以实施和深化。协调自然与经济两大系统之间的矛盾，控制物质流是根本，物质流的控制不是孤立实现的，它伴随着经济行为方式的改变与进步。经济系统的运作是由各种不同的微观经济活动共同构成的，所有微观经济活动主体在从事经济活动过程中都会追求自身利益的最大化，自身利益的最大化往往与社会福利的最大化不一致。假如没有社会系统的约束性条件，所有经济活动主体都以对自身最有利的方式从事经济活动，经济外部不经济性将最大化体现。经济活动的效率不能兼顾社会的公平性，甚至在很大程度上会降低社会公平性。

人类也在不断探索和反思自身的经济活动规律——从最初认为经济发展就是 GDP 增长，到逐渐认识发展不等同于增长

（Improvement is not development），再到1987年世界环境与发展委员会在《我们共同的未来》提出了可持续发展的理念（Sustainable Development），探索与深化的过程就是人类不断调整社会经济系统与自然系统之间关系的过程。可持续发展理念一经提出就获得了极大的认同，同时人们也发现可持续发展理念亟待充实和扩展。近四十年来，各国政府、理论界和企业界都以不同的方式，从不同的方面运用可持续发展理论，将可持续发展从理念逐渐转化为真正的可操作的发展模式，取得了可喜的进展。《2030年可持续发展议程》（A/RES/70/1）将可持续发展明确界定为17个可持续发展目标，并于2016年在联合国大会第七十届会议得以通过。今后对可持续发展的探索必将会持续下去。

二、环境管理是解决环境问题的有效手段

环境问题是社会经济系统的多种因素共同作用而累积形成的结果，往往具有滞后性、累积性和复杂性。以洛杉矶光化学污染为例，1943年7月26日洛杉矶首次出现淡蓝色的浓雾，对人体造成了极大损害。关闭化工厂和禁止焚烧垃圾的措施并没有解决这一问题，人们并不知道浓雾产生的原因。直到20世纪50年代加州理工大学的科学家 Arie Haagen Smit 发现汽车尾气中的 CH、NOx 与大气紫外线作用发生光化学反应导致空气污染，人们才真正找到根源。即使找到原因，解决环境问题也需要经历一个漫长的过程。1955年是洛杉矶光化学污染最严重的一年，两天内死亡四百多人。对于愈发严重的污染，人们不得不加快治理的脚步，加州州长委派专家 Backman 成立委员会负责空气治理；1975年所有汽车安装汽车尾气净化器，此举被认为是治理雾霾的关键措施之一；美国环保署（EPA）要求石油公司在成品油中减少烯烃的含量；出台诸多环境政策如甲烷天

然气替代的能源研发等。洛杉矶的雾霾治理整整持续了五十年。

认识、理解和解决环境问题是人类逐步探索的过程。伴随技术的提高可以大大提高转化效率，从而降低污染水平。但是经济活动规模的扩大削弱了技术进步带来的正面效应，人们需要不断地探索技术之外的解决环境问题的手段与工具。1974年在墨西哥联合国环境规划署和联合国贸易和发展会议联合召开了资源利用、环境与发展战略方针专题讨论会。会上形成了三点共识：

（1）全人类的一切基本需要应得到满足；

（2）要发展以满足需要，但又不能超出生物圈的容许极限；

（3）协调这两个目标的方法即环境管理。

这是人类首次正式提出环境管理的概念，概念的提出是由于人们意识到技术不是解决环境问题的唯一手段，需要运用管理手段调整自身发展与自然系统的关系，解决人类发展的无限性与自然系统的有限性之间的矛盾。人类的衣食住行和精神文化的基本需求得以满足是社会发展的动力源泉。随着经济的不断发展，基本需求水平也在提高，这就会导致资源需求总量的攀升与生物圈的容许极限之间的矛盾越发显著，协调发展与环境之间的有效手段就是环境管理。

环境属于公共物品，公共物品不具有完全产权，环境的不完全产权属性导致外部不经济性的普遍存在。政府作为环境公共物品的代言人，对经济行为的外部不经济性进行有效约束，从而实现在经济发展中的自然系统的环境容量要求，经济发展不影响同代人和后代人的发展需求，从而最大限度实现代内公平和代际公平。从这个意义上讲，环境管理属于公共管理范畴，环境管理的目标是实现社会福利的最大化。我国对环境管理的界定是指用经济、法律、技术、行政、教育等手段，限制（或禁止）人类损害环境质量的活动，鼓励人们改善环境质量，通过全面规划使经济发展与环境相协调，达到既要满足人类的基本需要，又不超出环境的容许极限。

　　社会福利的最大化与经济利益最大化之间的矛盾在经济发展中客观存在，协调二者的矛盾需要约束经济行为人的行为，通过相关的法律、法规和强制性标准界定其行为的外部不经济性大小。政府对于外部不经济性的界定必须与社会经济发展的水平一致，如果外部经济性界定过高，经济行为人的成本负担过重，就会制约发展的空间；界定过低则起不到规范经济行为人行为的目的，往往会造成过多的社会福利损失，影响社会的公平性，使经济增长的社会代价过大，降低了真实发展水平。

　　随着经济发展的变化，不断有新的环境问题出现，当这些问题需要用法律规范时，往往需要漫长的立法程序，而利用行政手段进行环境规制具有时间短、程序简单等优势，所以行政手段是法律手段的有效补充。此外，我国法律属于条文法，在法律执行过程中也需要行政条例予以具体细化和说明。法律手段和行政手段均属于环境规制范畴，具有强制性的特点，对规范对象的行为具有很强的制约作用。

　　环境规制（政府管制）具有自身的局限性，在保证社会公平的同时会导致效率的低下，在极端情况下还会使政府管制失灵。所以，环境管理需要有效的经济手段予以补充，以弥补政府失灵和效率低下的弊端。环境管理中的经济手段既包括环境税、补贴等庇古手段，也包括排污权交易等形式的科斯手段，经济手段运用经济杠杆激励经济行为人的行为向减少外部不经济性方向转化。无论是庇古手段还是科斯手段都是以政府赋予环境以价值，并用适当的价格形式体现基础上的市场行为，因而政府对环境的定价机制在很大程度上影响激励作用的大小。

　　技术手段一直被认为是解决环境问题的关键核心之一，环境管理中的技术手段不仅仅着眼于技术本身，更为重要的是根据经济和社会发展的需要通过技术政策的引导，鼓励经济行为人研发更有益于社会的环境技术。我国"十一五"之前的环境技术偏重于以污染物处理为主的末端治理技术，仅从单独的污染源和局部效果来看，技术的进步提高了污染物处理的效率，降低了工业污染源的污染程度；可是如果从整个社会系统来看，末端治理技术的进步并不能从根本上改变和降低污染物排放量，而且存在着二次污染的巨大风险。从"十二五"开始，环境技术政策逐渐向污染预防和清洁生产技术研发倾斜，鼓励和引导企业向清洁生产方式转化，技术的研发偏向于清洁生产技术，从而在根本上实现了源头的污染减量，大大降低了社会的环境治理经济成本。

教育手段是环境管理的最重要手段之一，教育是培养公众环境价值观和行为方式的有效路径，公众学会爱护和重视环境非常重要。人类活动对环境造成影响的普遍性和经常性，往往很难通过管制和市场手段等彻底改变，因而需要通过教育培养公众的环境意识，使其自觉约束自身的行为方式，从根本上保护环境、合理开发利用自然资源。

法律手段、行政手段、经济手段、技术手段和教育手段是各国在环境管理中普遍运用的几大类手段，每种手段具有不同的特点和作用。在实际管理中往往采取多重手段结合在一起使用。

三、环境管理随着经济的发展不断深化

环境管理是非常年轻的一门学科，其核心宗旨就是运用一切可以运用的手段和方法协调经济发展与环境容量制约之间的矛盾。伴随着经济发展，经济活动形式、规模和复杂程度都处在不断变化之中，这就要求环境管理要适应发展要求，不断深化与创新。

　　20世纪70年代环境管理理念被提出并认可，以法律、法规和标准为代表的环境规制得以广泛运用。以美国为例，1970年美国国家环保署（EPA）成立，专门负责维护自然环境和保护人类健康不受环境危害影响。在EPA的推动下，诸多法案得以颁布，如1972年颁布的《联邦水污染控制修正案》、1977年颁布的《清洁水法》以及1970年的《清洁空气法》和后来的1977年修正案、1990年修正案。这些法案并对美国环境管理体制和美国环境管理法规的完善具有极其重要的意义。无论是发达国家还是发展中国家在进行环境管理时，往往优先采用环境规制（政府管制）方法，这是因为环境管理对象——环境是公共物品，公共物品产权的不明晰性决定生产经济活动或者其他活动的外部不经济性不能够自行实现内部化。必须要通过政府的有效管制实现和保障外部不经济性的内部化。

　　但是任何的政府管制或者公共环境政策都不能保证最优效率，或者效率最大化，命令与控制的方式都会限制技术体系的灵活性，例如，禁止使用含铅汽油的结果就是导致汽车发动机必须降低汽缸压力，使工作效率降低；水处理系统中禁用氯氟烃（CFCs），会使许多使用替代品的电子工业在生产一件产品时耗费更多的能量。政府公共环境政策往往需要在公平和生产效率之间达到平衡，公共管理的目标是社会福利的最大化，在公共环境政策方面采用生产效率和费用－效益分析并不完全适用，因为这种评价在资源管理方面无法估计公平，无法实现公共环境政策的预期目标。

　　80年代以后，随着经济规模的不断扩大，环境规制的局限性越发明显。例如，现代城市对于汽车所带来的尾气污染都基本制定尾气的排放标准（强制性）和对于汽车生产采取某些强制性的措施（如安装汽车催化式排气净化器）。这些措施对于个体的排放率起到了控制作用，但并不意味着污染的总体水平或环境污染水平得到有效的控制。即使所有路上行驶的车都是干净的（低污染的），但仍然会有较高的排污量，因为在按照里程补贴的规制下行车里程数得不到控制，污染者的数量得不到控制，环境污染水平依然会保持较高的状态。为提高环境政策的有效性，协调公平与效率二者的关系，各种经济手段开始逐渐在环境管理中得以应用，见图1-2。

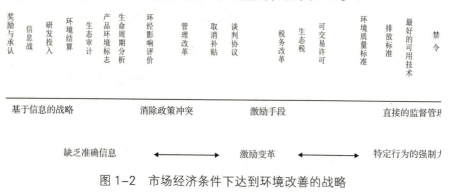

图1-2　市场经济条件下达到环境改善的战略

多种经济手段的运用有效解决环境规制的效率问题，在保证公平的前提下注重经济效率和环境保护的成本与收益。经济手段在不同的条件下，针对不同的社会需求呈现的形式各不相同：既有以建立市场的科斯手段为代表的可交易排污许可和排污权交易，也包含庇古手段的环境税、生态税、补贴、押金制度、生产者责任延伸等，同时绿色信贷、绿色金融、绿色保险等许多新兴的手段被越来越广泛地采纳和运用。

环境要素的公共物品或准公共物品属性决定了环境管理属于公共管理，管理的目标是社会福利的最大化。生产者和消费者的经济活动具有外部不经济性，外部不经济性内部化是实现社会福利最大化的约束性条件，但外部不经济性内部化与生产者和消费者的经济利益最大化具有不一致性，所以在环境管理中不能仅依靠政府这一主体，需要公众的参与。近年来公众参与的作用被逐渐认可，公众依法获取环境信息、监督环境质量损害行为，可以最大限度体现出经济活动的外部不经济性，矫正市场信息扭曲。

第二节 绿色发展是高质量的发展转型

一、绿色发展是生态文明建设的有效路径

中国改革开放四十年来，经济始终保持高速发展态势，2018年我国的 GDP 总量已经超过 90 万亿元，而 1978 年的 GDP 仅为 3678.70 亿元，四十年间 GDP 增长了近 25 倍。中国经济发展取得的举世瞩目的成绩，经济规模的不断扩大，意味着对自然环境的压力增加。中国的环境问题在 20 世纪 90 年代之后，特别是在近十年来集中凸显，国家环境管理的力度和思路也随着发展的需要在不断深化和完善。

近年来中国生态环境质量恶化的趋势得到有效控制，但整体形势依然严峻，工业化、城镇化和农业现代化的任务尚未完成，生态环境保护的压力会持续存在。这几年环境污染物的排放总量正处于历史高位，复合型污染的特征更加明显，环境质量状况非常复杂。大气污染防治初见成效，但与全面小康社会的要求相距甚远。劣质水（IV 到 V 类水体）得到改善的同时，最优质水（I 类水体）的比例却也有所下降，应当引起重视。土壤污染形势严峻，耕地土壤环境质量不容乐观，工矿企业及其周边土壤环境问题突出。环境风险易发高发态势明显，重金属、危险废物、渗坑渗井污染等污染源引起的污染事件突发，环境事件频发。山水林田湖草缺乏统筹保护，人工生态系统发展较快，自然生态面积有所减少，生态空间遭受过度挤占。

2015 年 9 月，中共中央、国务院印发了《生态文明体制改革总体方案》，要求加快建立系统完整的生态文明制度体系，加快推进

生态文明建设，通过建立资源消耗、环境损害、生态效益的绩效评价考核和责任追究制度，对地方政府和相关部门产生实际约束力，最大限度地保证生态文明体制改革取得实效。生态文明建设不仅影响经济持续健康发展，也关系政治和社会建设，必须放在突出地位，将其融入经济建设、政治建设、文化建设和社会建设的各方面和全过程。

中国生态环境质量的下降是经济系统与自然环境系统矛盾的集中体现。我国改革开放以来的高速发展在很大程度上以牺牲环境质量为代价，如何实现进一步发展是高质量发展的关键所在。习近平总书记提出的"绿水青山就是金山银山"（"两山"理论）发展理念，深刻诠释了高质量发展的内涵，绿水青山是发展中的绿水青山，只有发展才能将绿水青山转变为金山银山，也只有绿色发展才能实现"两山"的协调统一。

传统的经济发展模式是线性经济的模式，物质流流动的方向仅有单向性，即从自然系统获取资源和能源。生产领域完成从原材料向各种产品转化，然后借助流通领域实现产品的分配与转移，消费领域中产品发挥各自的使用性能，最终以各种废弃物和污染物的形式重新回到自然系统中，见图1-3。线性经济模式本身对物质资源的使用效率具有极大的制约，技术进步在生产领域或消费领域的单个环节上会很大程度提高物质资源的使用效率，例如 LED 等替代节能灯和白炽灯会大大提高照明效率，节约能源使用量。但是由于经济—社会系统的复杂性，就整体系统而言，线性经济的局限性往往会导致对资源和能源的过度依赖，经济规模越大，从自然系统摄取的资源和能源就会越多，同时向自然系统排放的各种废弃物、污染物也越多。

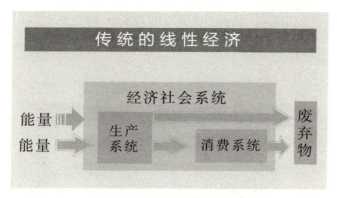

图 1-3　线性经济的物质流模式

以美国汽车污染为例，伴随着美国法人燃油法（CAFÉ 法案）的实施，美国汽车的燃油效率平均提高了两倍，从 1973 年的 17.8l 升 / 百公里下降到 1986 年的 8.7l 升 / 百公里，技术进步带动效率的提升极为显著。但是，美国国家环保署（EPA）的统计数据显示，私人轿车燃油效率的提高并未使得有害气体的排放量减少。一方面，燃油效率的提升降低了消费者出行成本，私人轿车行驶里程增加；另一方面，在达到法人燃油法的最低标准后，汽车企业为满足消费者的驾驶体验，研发更偏重于马力更大、驾驶动力更快的产品。布什政府试图说服国会批准开始实施新的汽车燃油标准，进一步提高汽车的燃油效率，促进汽车企业向更节能的方向研发。一直到 2008 年奥巴马政府上台新的法人燃油法才真正实施。

线性经济不是一种可持续发展的模式，因为经济越发展对自然环境的破坏和影响就越大。生态文明是尊重自然、顺应自然、保护自然的理念，生态文明的建设不仅是经济系统的构建，更是社会系统的调整与改变。生态文明的建设需要绿色发展以及更有效地利用资源和能源，用最小的环境代价换取最大的发展。绿色发展必须改变经济系统的物质流流动方向，由原来的单向性向循环性逐渐转化，见图 1-4。无论是在生产领域还是消费领域都要让物质资源在社会经济系统中发挥功能效用的时间尽可能延长，减少对资源的依赖、减少经济活动的外部不经济性，减少污染物和废弃物的排放量，从而实现经济与环境的双赢。

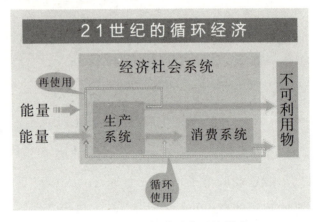

图1-4 循环经济的物质流模式

原有经济模式向可持续发展模式的改变不会是自发的过程，取决于社会系统的制度性和安排的有效性。自然系统的资源和能源受自然系统自身运作规律的制约，具有自然的属性。其自然属性决定了环境容量和环境承载力，它们是影响经济发展的重要约束性条件。资源和能源是实现生产转化的物质基础，是社会经济运作的基础保障。环境资源在不同的区域、行业、企业、社会群体间进行配置，实现经济活动的有效运作，因而其具有经济属性。自然资源的自然属性和经济属性之间如何协调是绿色发展的关键：完全基于市场的资源配置体现经济效率，但不会自动实现物质资源的循环和利用最大化；相反，如果不能保证经济效率，即使物质循环转化有利于环境，符合绿色发展的理念，也很难真正运用到生产过程和消费过程之中。

实现自然属性和经济属性的一致就需要政府作为环境代言人给环境资源赋予经济价值，物质资源在社会经济系统中的循环流动具有经济可行性。例如，生产企业如果使用再生资源更具有竞争优势，那么企业会优先选择循环的资源。自然资源税如果国家设定水平偏低的话，再生资源就不具备竞争优势，也很难实现再次的循环利用。

二、绿色生产是持续改进的过程

工业生产的资源消耗强度、污染强度在三大产业中位列第一，工业污染控制一直是国际上环境管理的重中之重。工业污染的控制最初集中于末端控制（end-of-pipe control），即生产过程中产生的多种污染物在最终排放到环境之前进行污染物的数量和独行的削减，实现生产过程的达标排放。

末端控制或末端治理的弊端非常明显。首先，污染物是生产过程没有完全转化的产物，污染水平越高转化效率越低，不利于优质资源的有效利用，生产转化的经济性下降。其次，末端治理仅在生产过程的末端进行污染物的处理，在生产各个环节中产生的多种污染物在处理之前可能会发生二次反应，进一步加大污染治理的难度和成本。最后，末端控制仅仅是将污染物的环境风险降低，并没有从根本上消除污染物，还存在二次污染的巨大风险。例如，对于大气中 SO_2 的治理通常采用吸附反应方式，将 SO_2 由气态变为固态的 SO_3^{2-} 或 SO_4^{2-} 盐，降低 SO_2 在大气中扩散的风险，但是硫酸盐、亚硫酸盐在长期堆放过程中遇水可能重新释放 SO_2，厌氧堆放也有发生氧化还原反应生成 H_2S 的风险。末端治理无论是环境效益还是经济效益都不佳。

发达国家在控制污染的过程中，末端治理的弊端日益显著。20世纪50年代世界范围内大规模爆发环境事件，如习俣事件、光污染事件等。发达国家反思经济发展中出现的问题，20世纪70年代开始逐渐改变管理思路，从先污染后治理逐渐向污染预防转变，1989

年联合国环境规划署将这种污染控制战略称为清洁生产（Cleaner Production），清洁生产谋求合理利用资源、减少整个工业活动对人类和环境的风险，是经济可持续发展的一个有力工具。1989年联合国环境署资助的B4子项目在中国工业企业中首先试点，此后我国一直致力于逐渐改变工业生产的模式，从末端治理逐渐向清洁生产和全过程的污染预防转变。2002年6月29日第九届全国人大常委会第二十八次会议修订通过了《中华人民共和国清洁生产促进法》，并于2003年1月1日开始正式实施。

单个生产过程从末端控制向污染预防转化可以大大降低环境风险和污染水平，可由于单一生产过程自身转化的局限性，往往转化到一定程度就形成瓶颈，提高物质转化率、降低污染物的排放水平在经济上不具有现实意义。例如，废弃的橡胶轮胎从技术的角度可以实现转化为石油，但由于其经济成本过高就不具有实际的应用价值。转换思考的方式，将所有的废弃物和污染物都作为具有一定价值的资源，不同的工业生产过程之间就可以实现废弃物的交换，由此产业生态学（Industrial Ecology）理念应运而生，并在实践中得到了广泛的应用。例如，制醋行业每年产生大量的固体废弃物醋糟，对环境生态的压力很大，原有技术很难将醋糟的环境影响消除。借助产业生态学的研究理念，在醋糟中加入微生物菌剂，降低PH酸度同时堆置发酵，处理后的醋糟成为种植有机草莓等产品的基质。变废为宝，不但大大降低了环境风险，而且能够产生可观的经济效益。

传统的环境问题认知往往是针对单一的污染源、过程或污染物；环境和经济的关系是单一的、局部的；如果从整个经济系统的运作去认识环境，可以将不同的污染源、不同的生产过程和污染物进行统一看待和进行物质交换。改变传统方式上企业仅仅以经济利益相互链接，供应链不再是以往的单一供应商，物质交换在保证经济可行性的基础上，更多从提高资源使用效率、最大限度减少环境风险的角度实现废弃物的物质交换，进一步提升生产过程的绿色程度。

三、绿色生产和消费必定引发产业结构的变革

生产和消费密不可分、相辅相成，生产为了消费，消费通过市场对生产形成倒逼机制。随着绿色生产和可持续发展理念的深化，绿色消费的重要作用不容忽视。绿色消费包括购买绿色的产品、产品使用过程以及废弃阶段的行为方式，涉及产品的全生命周期过程。无论是购买对环境有益的绿色产品，还是最后废弃物能够重新回到生产领域被循环利用，均是围绕着最大限度地提高资源的利用率和能源的使用率这一核心。

实现绿色消费不能单纯依靠消费者的意识和行为，而是需要根据产品的不同沿着整个生命周期寻找改进的关键点，明确责任人，运用法律、行政、经济以及市场等多种手段从源头减少环境影响。随着网购的普及，包装材料废弃物激增，仅依赖消费者回收分类并不能解决数量不断增长的问题。德国针对包装减量的政策主要是针对产品的包装责任者，根据他们包装材料的种类和数量收费，从而有效刺激责任者从产品设计阶段就开始减少包装材料的使用。

中国目前的环境标准以环境质量标准和污染物排放标准为主体，涉及产品的环境标准数量极少。产品的环境标准是针对产品在生产、物流、使用或废弃等各个阶段可能产生的环境影响通过标准的形式予以规范。在国际上产品环境标准越来越受到重视，如欧盟的《关于限制在电子器设备中使用某些有害成分的指令》（Restriction of Hazardons Substances），即 RoHS 指令规定所有在欧盟市场的电子电器产品中不能含有包括铅在内的多种有毒有害物质，原因是这些电子电器产品废弃后的环境风险不可控；德国大众要求汽车中的可循

环和不可循环的部件必须是容易分离和拆卸的，可循环的塑料部件根据种类明显标识，以便于汽车报废后的分类回收和利用。中国的能效等级就是最典型的产品环境标准，多种电器产品被强制性规定设为最低的能效，为节能提供保障。完善中国的产品环境标准可以提高市场准入门槛，从源头减少环境影响，用较小的预防成本实现环境效益最大化。

消费的本质是效用最大化，即消费者用最小的成本获得最大的收益。绿色消费与传统消费相比较的额外收益是环境效益，消费者需要付出额外的成本，当绿色消费的额外付出成本超过消费者的心理预期即额外支付意愿时，就会严重抑制绿色消费的行为。

绿色消费需要为减少消费的环境影响付出经济成本，绿色产品的价格高于普通产品，当绿色产品的实际溢价水平超过消费者支付意愿时，消费者购买或再次购买绿色产品的可能性就会明显下降。绿色产品在推向市场的初期由于生产规模小、技术的成本高等众多原因，往往会有较高溢价水平。2016年联合国环境署联合中国人民大学环境学院在中国十个典型城市进行大规模绿色消费的调查，中国市场的绿色产品实际溢价水平是30%左右，受调查的六成消费者支付意愿在10%以下，绿色产品价格过高制约着绿色消费。税收、补贴、生产者的责任延伸、押金返还等经济手段的运用可以有效地撬动市场，逐渐降低绿色产品的价格。

时间成本往往也是影响绿色消费的因素之一，尤其在产品废弃过程中如果其便利性较差，绿色消费的推动将困难重重。以生活垃圾的分类为例，如果不能结合中国家庭的实际情况，提升分类的便利性，提高家庭源头的垃圾分类可操作性，生活垃圾的分类和利用就难以实现。改变消费者对于垃圾分类原有的行为模式需要对其进行环境教育逐渐培养绿色消费意识，更为重要的是消费者如何减小从意识向绿色消费行为转化的差距。垃圾分类增加了消费者的时间成本，实现绿色消费转化就必须减少消费者的时间成本，提高分类的便利性和可操作性，尤其是在中国家庭的有限空间中，如何更好操作分类是值得深入研究的。日本最初的垃圾分类只是可燃与不可燃，然后逐渐细化分类。中国无废城市的试点也应因地制宜，本着干湿分离、有毒有害分离的基本原则，根据消费者的绿色行为意愿简化分类程序，降低时间成本，从简到繁逐渐深化无废城市试点的基本原则让消费者能够将垃圾分类落到实际行为中。

随着信息技术的发展，可以精准分析消费者的行为，构建与消费者的信息联系。运用网络不仅可以教育消费者进行正确的垃圾分类，而且可以方便消费者获取自身进行垃圾分类而产生的社会效益和环境效益。如成都部分地区消费者通过手机 App 获取每次分类垃圾产生的再生资源种类、数量以及对环境的正面影响，同时获知累积行为的环境效果，提升了消费者垃圾分类的积极性和主动性，也有利于固化垃圾分类的行为模式。

生产、流通和消费的各个环节都会产生不同的环境影响。绿色发展的核心内涵应围绕着全过程的污染预防和废弃物的减小化，以预防替代事后补救。针对每个生命周期环节的环境影响进行系统分析，替代"头痛医头脚痛医脚"的管理方式，寻找能够减少环境影响的关键点，同时，基于生产者责任延伸，责成能够最大限度减少污染的责任方实施污染预防，让利益相关方分担经济成本。例如，大量电子废弃物产生的环境影响预防的最佳环节是生产商根据有毒、有害电子废弃物种类及数量对生产厂商征收环境税，有利于生产企业从产品设计的源头减少有毒有害物质的使用，使受益者分摊环境税成本。

在明确经济活动中的环境责任主体和环境行为的受益方的前提

下，政府协调各个利益相关方，运用市场杠杆和经济手段调整，实现各方利益的均衡。本着预防为主、谁受益谁付费的环境责任以及系统协调的原则，才能有效保证社会福利的最大化，提升环境管理的效率和有效性。

绿色发展体现了整个社会系统的行为意识的转化。伴随着物质利用效率的提升，一些传统的高能耗、高污染产业逐渐被淘汰和替代，这种淘汰不会影响经济的发展，反而会促进经济发展质量的提升。同时，一些适应绿色生产和绿色消费的新兴技术和新兴产业会逐步提升占比，成为新兴的支柱产业。德国是全球最大的环保产品出口国，2013年的出口额达503亿欧元，占其贸易总额的14.8%。日本政府从90年代开始大力扶持循环再生产业，20年间各种可再生资源的回收和利用率不断提高。

我国目前环保产业的市场空间巨大，实际的环保产业规模有限，各种可循环利用物质的循环回收率和再利用率与发达国家存在巨大的差距，潜在的市场必须经过挖掘才能转化成为真正的市场，政府推进绿色发展就必须大力发展新兴产业。2010年《国务院关于加快培育和发展战略性新兴产业的决定》和《战略性新兴产业发展"十二五"规划》将环保节能产业作为战略性新兴性产业之一，予以重点扶持与发展，充分表明了我国绿色发展认识的不断深化和进程的进一步加快。

第三节　绿色发展客观要求环境管理体制创新

绿色发展是社会经济系统的整体转化，既是一个持续改进的过程又是系统协调的工程。无论是生产领域还是消费领域的转化都不可能自动形成，生产和消费的各个微观环节的利益由于绿色发展的转变而产生变化，践行绿色发展就必定伴随着生产和消费的变化，整个系统的经济利益分配以及之间的相互作用都会随之变化。绿色发展的转化需遵从社会规则和自然规律：所有的环境行为人都必然追求自身利益的最大化，绿色发展依赖于所有人的行为方式向环境友好转化，政策的调整有利于环境友好的行为实现利益最大化；利益相关方之间的利益冲突和一致性并存，政策的调整应促进各方利益的一致性，才能保证各利益相关方的行为转化。所以环境管理的内容需要创新，环境管理体制需要完善，环境管理从部门管理向职能管理转换是提高管理效率的必然要求。

正如环境问题的产生是长期累积的结果，环境问题的解决同样需要过程，洛杉矶雾霾治理五十年、泰晤士河污染治理恢复生态更是长达一百年。中国的大气污染、水污染、土壤污染以及生态系统功能的退化等一系列问题，是中国原有的粗放型经济发展模式的长期"欠债"结果，向绿色发展转化才能从根本上解决"环境欠债"问题，保证不会"还了老债又欠新债"。由于社会经济系统的复杂性，在改进过程中必然存在着短期效益和长期效益之间的矛盾。绿色发展就需改变唯 GDP 论，GDP 与社会福利最大化相互协调，这是一个长期持续改进的过程。平衡短期效益与长期效益之间的关系至关重要。

绿色发展是整个社会经济的调整，绿色发展不是单一环节、单一部门能够实现的，不仅需要各个环节的协调，更需要各管理部门的协作配合。我国原有的环境管理体制是以部门管理为主，而随着经济发展部门管理的弊端也日益凸显。虽然每个部门都有管理职能，但却无法承担完全管理职责，在客观上降低了环境管理的效率。因此，从部门管理逐渐向综合管理转化，有效克服管理部门之间的门槛，才能真正适应绿色发展模式的转变要求。

我国的环境问题最早凸显于工业污染，工业污染严重的原因既有环境技术的制约，也有侧重末端治理的管理弊端。工业污染造成水和土壤的损害，又进一步影响了农业的生产和食品安全源头的控制。仅仅针对工业进行控制，根本无法达到环境质量的要求。农业的面源污染控制成本和难度极大，客观上造成了有机、绿色食品的成本升高，反过来对绿色消费又起了明显的抑制作用。所以，针对环境问题从整个系统的角度分析问题的关键和由此引起的各个环节的作用，才能实现系统的协调。而各个部门的管理各司其职，在管理中的角度不完全一致，必然导致不协调和相互之间的矛盾产生。从国家能源安全的角度考虑生物质能源的替代是经济可行的，但由于我国的人口与土地生产力之间存在的巨大矛盾，生物质能源的来源是生物质，能源替代就会存在占用土地生产力的情况。部门政策从单一层面上看可行，放到整个系统中可能就会引发多种问题，而一个公共政策的实施需要占用大量的公共资源，公共政策效率的低下就会导致管理效果不尽如人意。我国目前的环境问题从本质上说是由于发展的不平衡、不充分造成的，也就是自然系统与社会经济系统之间的协调问题，解决这一问题同样需要从系统的角度进行综合管理得以解决。

党的十八大提出了生态文明，习近平总书记在十九大报告中将其上升至中华民族永续千年的大计这一高度。过去几年中，我国生态文明的体制构架已经逐步建立，但是体制运行中的深层次矛盾依然存在，在很大程度上制约着生态环境质量全面改善目标的实现。按照绿色发展生态文明建设的客观要求，绿色发展是以节约资源、保护环境为主，从而实现经济发展与社会福利的双赢。绿色发展的理念以预防为主，再加上系统协调。绿色发展需要政府的强有力推动，客观发展对我国的环境管理体制提出了更高的要求，适应这一要求将会更符合客观的发展规律，公共政策效率的有效性和公共管理的效率将得到有效提升。

第二章 绿色发展的系统转化趋势分析

第一节 绿色生产是全过程污染预防控制

生产是经济系统中最重要的活动之一。自然系统的各种资源通过生产过程的转化成为各种具有使用功能和经济价值的产品。无论是工业生产还是农业生产，都是资源的转化过程，在此转化过程中生产者实现经济的增值，从而能够持续进行再生产和扩大再生产。同时，资源（可再生资源和不可再生资源）的自然属性决定了资源的稀缺性和环境容量的有限性。如果社会系统实现了资源的最优配置，就可以充分协调资源的经济属性和自然属性。

理想的市场条件下，企业完全竞争就可以实现资源的最优配置，即达到帕累托最优状态。但从环境经济学的观点来看，由于外部不经济性和环境的公共物品属性使得市场调节作用失效，不能实现帕累托最优状态。首先，生产过程的外部不经济性普遍存在，企业生产过程产生环境污染，导致第三方福利受到损害；其次，环境中的空气、水等是一些公共物品，公共物品具有非竞争性和非排他性。对于公共物品，私人市场可能根本无法提供这种商品，或者在商品存在时不能正确定价。企业以消耗清洁的空气、水和其他环境物质以实现生产过程。对于这些环境物质，有人肯出高价，有人出低价，有人甚至不出价，但由于公共物品的非排他性，使得不出价或出低价的人可以获得与欲出高价的人同样的收益，所以导致市场失灵。

矫正市场失灵需要政府作为环境代言人，给予公共物品环境要素是适当的经济价值或者更明确地说是给环境定价，强制生产者的外部不经济性内部化。当政府对环境资源定价过低时，资源对生产过程的经济影响就微不足道。环境规制是最基础和最直接的手段，政府运用命令和控制的手段（command and control）约束生产企业采取行动，减少外部不经济性，以满足环境目标的要求，实现社会福利的最大化。政府管理部门监督企业是否遵守环境标准与法规，并对达不到相应环境法规要求的企业加以制裁和惩罚，对遵守的企业给予鼓励。因而政府管制是重要而有效的环境管理手段。

一、末端治理的弊端与局限

一个真正的企业总是以利益最大化作为其行为准则的，因此造成的后果有积极的一面，也有消极的一面。

积极的方面主要有三个：第一，利益最大化的驱动使企业不断完善自身的管理。在其他条件不变的情况下，管理水平的提高总是与能耗和物耗的下降联系在一起，从而导致污染排放的下降，而降低污染最有效、成本最低的办法就是通过完善管理来减少浪费。第二，企业的技术进步或多或少会有利于环境，这是因为尽管企业的研发或购买新技术、新设备、新产品的动机是追逐更多的利益，但技术进步的结果总是以高效代替低效、以精巧代替粗大笨重，在其过程中必然会提高能效和降低物耗，也会导致污染排放的下降，所以这类努力通常与环境保护并不相悖。第三，企业的各方面进步会导致企业累积能力的增长，也间接增强了治理污染的能力，多少会对污染治理有一定的好处。

但总体说来，企业追求利益最大化的本质决定它在污染治理中不可能扮演积极的角色。企业的污染物排放对环境造成污染，那么它应该安装消烟脱硫和污水处理装置，这时环境污染治理被看作是整个工艺流程的必要一环，与此相关的劳动看作是社会必要劳动，所涉及的费用也是正常的生产成本。但对于企业而言，污染治理增加了生产的成本，又没能提高其产品的质量，所以这一环节可以说是多余的。

如果没有环境法规的强制，没有企业主动采取措施来治理污染；相反，如果存在有效的环境法规，迫使每个企业采取措施来治理污染，这时，环境标准以上的部分由企业计入生产成本，环境标准以下的部分作为社会福利损失，并由全社会承担。

末端治理是企业在生产过程中不考虑资源转化效率和污染物产生的过程，仅仅在生产末端对排放到环境中污染物的数量和毒性进行处理。末端治理一般包括废弃物的毒性去除和废弃物的处理，如废弃物的焚烧和填埋等。末端治理仅仅对已产生的污染物进行削减，并不能从根本上降低企业污染物处理的边际成本，因而随着国家环境标准越严格，单位环境边际成本也在逐渐增加，企业的环境成本负担就越大。不同企业的技术水平、生产规模和管理水平各不相同，边际成本越高的企业需要负担的环境成本就越大。如果政府的环境管理不严格或者存在漏洞，企业就会将本应自身负担的环境成本转化为整个社会的环境损失。而且环境污染治理边际成本越高的企业越容易钻空子，这也解释了为什么越是技术落后、规模小、污染水平高的企业越容易违法，不遵守环境法规。

因此，末端治理的性质和方式决定了它具有以下弊端和局限。

第一，末端治理需要处理的污染物数量多、负荷大，没有任何的经济效益，不仅一次性投资和运行的费用高，还存在有造成二次污染的风险。国家投入大量的资金控制污染，我国用于环保的投资在"八五"期间占 GDP 的 0.73%，"九五"期间所占的比例加大到 0.93%，2003 年环保投资的比重更是高达当年 GDP 的 1.39%。但大量资金投向末端治理，未发挥应有的规模效益和综合效益，环境污染和生态恶化加剧的趋势并未得到有效的遏制。第二，末端治理仅仅注意末端的净化，减少污染物的排放量，但不做全过程的控制，没有在生产过程中考虑如何最大限度地利用资源和能源、从源头上减少污染物的产生量。物质平衡理论认为在生产过程中，物质是遵循平衡定理的，即生产过程中产生的废物越多，则原料（资源）消耗越大，即废物是由原料转化而来。第三，末端治理并不是从根本上消除了污染物，仅仅对污染物的数量和毒性进行一定程度的削减，因而末端治理有造成二次环境污染的风险。

发达国家在 20 世纪六七十年代经济发展与环境污染和资源紧缺的矛盾日益突出，开始反思以往的末端治理的生产方式中的问题，首先从技术上寻求替代末端治理的更好的生产方式。但 70 年代的环境会议之后，人们开始意识到生产方式的转变并不能仅仅依赖于技术进步，因为环境政策和管理体制可能制约环境新技术的研发、应用及推广。发达国家纷纷从技术上和环境管理体制上调整，如美国的污染预防和污染源消减、废物消减，欧共体的无（低）废工艺等，这些名称和叫法各不相同，但其核心却是相同的：在生产过程中考虑生产可能对环境产生的影响，将生产过程的经济性与环境性一体化评价，将污染尽可能消除在产生之前，并将生产过程中不能消除的污染在排放前进行处理。各国的总体思路殊途同归，它们共同的核心理念就是清洁生产的前身。1989 年联合国环保署首次提出了清洁生产

（Cleaner Production）的概念，明确清洁生产包括清洁的能源、清洁的生产过程以及清洁的产品，是预防性、持续性和一体化的战略。

与末端治理相比，清洁生产对企业而言是一种更为绿色的生产方式。第一，在经济学中普遍认同的是预防成本永远小于事后补救成本，末端生产仅注重末端的净化，不做全过程的控制，导致其需要付出事后补救的成本。而清洁生产在生产过程前和过程中采用技术和管理的手段预防污染物的产生，因而清洁生产的环境效益要远远好于末端治理的环境效益。第二，末端治理是在生产转化的经济增值过程完成后对污染物采取的控制和减量的手段，对企业而言没有任何的经济效益，因而企业只会被动减排。而清洁生产降低了企业污染治理的边际成本，具有一定的经济效益，往往会激发企业减排的主动性。

二、企业绿色生产的成本与收益

企业为达到一定的环境质量的要求，必须采取某些措施投入全部的财力、人力和物力，我们将其称之为环境质量成本。环境质量成本包括预防费用、评价费用、内部损失费用和外部损失费用。

（1）预防费用——企业为预防和减少污染产生所需的一切费用，它和评价费用一起构成一般意义上的清洁生产成本。预防费用主要由以下几个方面构成：

A.用于改善环境质量，减小环境损失的设备投资，工艺改装费、原料费、管理费；

B.设备运转费、维护费，有关人员的资金、奖金、福利；

C.相关技术的研究开发，引进费用；

D.职工的教育和培训费用。

（2）评价费用——沿产品生命周期和生产过程进行有关环境质量

的检查、评价、审核过程所产生的费用，其目的是将企业实际环境质量状况与国家规定的环境标准以及企业自身制定的环境标准进行分析、对比，为企业高层决策提供依据。

（3）内部损失成本——在产品到达顾客手中之前，企业为弥补环境质量方面的缺陷而付出的费用，包括对废次品、材料的诊断分析、重新加工、维修等费用。例如，如果汽车制造商发现自己生产的汽车尾气排放超过政府制定的有关标准，就必须将这些汽车重新加工、组装和检查，这里所产生的一切费用均属内部损失费用。在环境政策法规比较完备的国家，从长远看内部损失费用要远小于外部损失费用。

（4）外部损失费用——指顾客（广义的顾客）因购买的产品环境质量不合格而遭受损失，以此要求企业给予赔偿以及政府对企业处以罚金或其他形式的惩罚，此外还包括顾客对产品质量缺乏信任，造成销售量下降等机会损失。

无论企业采用末端治理还是清洁生产方式，环境成本都必须包含以上四种成本，但各自的成本构成是不同的。如下图2-1所示。

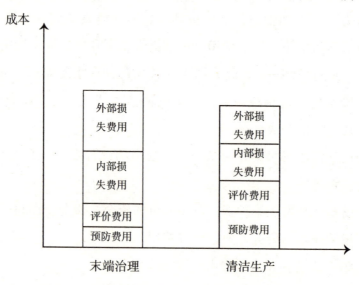

图2-1　清洁生产与末端治理的环境质量成本比较

末端治理的预防费用和评价费用很低，而内外部损失费用与环境法规的严格以及执法力度密切相关，即环境法规和环境标准越严格、执法力度越大，企业的内外部损失费用就越多。内外部损失费用随着时间而持续累积，短期内二者的内外部损失费用差距不大，但末端治理的内外部损失费用增长速度要高于清洁生产，时间越长，二者的差距越大。

与末端治理模式相比，清洁生产是污染预防性生产模式，其预防费用和评价费用较末端治理会有较大程度的上升，内外部损失费用大幅降低。预防费用往往需要生产前期的一次性投入，清洁生产通过企业的技术进步实现生产过程污染物产生量的削减。在企业的研发过程中许多研发是不成功的，不能付诸生产过程，也不会产生经济收益，因而预防费用的成本支出是企业环境质量成本构成的重头。生产过程中企业环境评价一方面审核实际过程是否与设定目标保持一致性，另一方面通过审核发现过程中可以持续改进的空间，评价有助于企业环境管理的改善，构建完善的环境管理体系。清洁生产与末端治理的短期比较来看，末端治理的成本较低，但随着时间的推移，清洁生产的成本优势会越来越明显。企业历史形成的污染治理方式都是末端治理，由末端治理向清洁生产方式转化需要企业在前期投入大量的资金，同时会导致企业的管理模式和组织结构的改变，短期的经济利益受损，企业的长远经济利益与短期的经济利益之间也存在矛盾。企业是选择末端治理还是清洁生产的生产方式，还取决于权衡企业的长远和短期经济利益的最大化，从中找到最佳点。

无论是清洁生产还是末端治理，以不同的方式将外部成本内部化，二者均会产生社会福利的收益。末端治理不会给企业带来任何经济收益，因而企业只会满足政府环境标准的最低要求；而清洁生产在产生环境效益的同时会产生经济效益，刺激企业持续改进。

三、不同生产过程的物质交换

原有线性经济模式中的各个生产过程是独立的，生产转化之前的原料（自然资源或者是其他企业的产品），转化为具有使用功效和经济价值的产品以及废弃物和污染物。每个独立生产过程的技术进步和管理的提高，可以在一定程度上提高物质资源的转化效率，减少污染的产生，但是单一过程的改进是受到制约的。如果将一个生产过程的废弃物视作另外一个生产过程的原料或中间产品，实现不同生产过程中的物质交换，不仅可以更大限度地提高资源利用率，而且可以提升废弃物处理的经济性。

将产业系统与周围环境视作一个整体系统去看待，在实现整个物质循环过程——从原材料、加工材料、零部件、产品、废旧产品到产品，最终处置加以优化的同时实现资本的优化，创造更大的经济价值。由于物质交换的自然条件所限，现阶段一般交换均在一个较小的地理区域范围内——产业生态园内进行，1995年雷蒙·考特定义产业生态园为"一个保护自然和经济资源的产业系统，它通过降低生产原料与能源的成本、降低安全保障以及加工处理过程中成本，来提高运营效率、产品质量、劳动者健康水平和公共形象，同时通过使用和销售废料来增加收入机会"。

产业生态园不同于一般的产业工业园或农业产业园。

（1）产业生态园是指在某一社区范围内的各企业相互协作，共同高效率地分享社区内的各种资源（信息、原材料、水、能源、基础设施和自然居所），从而获得经济效益以及环境质量的提高，最终实现社区内的人、经济和环境均衡发展。

（2）产业生态园是一个经过对原材料和能源的交换进行精心规划而建立的产业系统，在这一系统内通过尽可能地减少能量和原材料而实现产生废弃物的最小化，从而建立经济、生态和社会的可持续发展，参见图2-2。

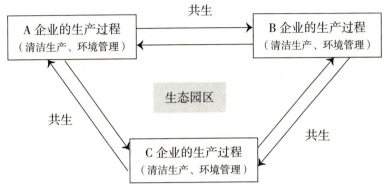

图 2-2 不同生产过程的物质交换

耶鲁大学（Yale University）的 Marian Chertow 将模拟生态系统共生的产业生态系统称为产业生态园，并将其分为五类：

第一类——通过废物交换

这种情况下，回收的材料被无偿提供或者出售给其他的企业。例如，汽车回收企业会将报废的汽车卖给汽车拆卸厂，汽车拆卸厂将汽车车身和底盘金属再循环利用。通常这类交换活动都是自发形成的，所以生态园的资源交换并不充分。

第二类——在设施、企业或机构内部

在这类生态园内，材料或产品的交换在某个机构内部开展，而不是在不同的机构开展。例如，在设计大型的石化企业时，通常会将一个生产过程的副产品作为另一个生产过程的原料。

第三类——在位于同一园区内的企业之间

企业或其他实体相距很近，可以在同一产业园区内，把这些企业组织起来开展能量、水和物质交换。在斐济苏瓦的 Monfrt Boys 镇，啤酒厂的发酵废弃物被用于养殖蘑菇、养猪、养鱼和蔬菜种植等。

第四类——相距不远的企业之间

这类系统的典型代表就是卡伦堡生态园，坐落于该市半径3公里内的多家企业之间进行蒸汽、热、粉煤灰、硫和其他资源的交换，形成了一系列有回报的绿色物质交换，我国2000年之后推进的产业生产园内，如中国第一个国家级产业生态园——贵港国家级工业生态示范园区和昆山经济技术开发区等都是这一类型园区。

2018年3月，国家公布了2018年生态型园区名单，并对生态园区提出了32项发展考核指标，2018年共计批复成立93家国家级生态园区，是其他产业园区的示范性标杆。

第五类——在较大区域内的企业之间

这类产业生态园在较大的空间范围内进行物质交换，它可以是上述四类生态园的组合。为实现这类生态园区的成功运作，管理者需要积极发现新的资源交换机会并吸收新的成员。到目前为止，世界上还没有实现一个这类生态园区。

但是生态园区的类型并非一成不变的：随着时间的推移，简单的第一类园区可能转化为第四类甚至第五类园区。产业生态园打破了企业行业间原有的界限，利用园区内不同企业、产业、项目或工艺流程之间的横向耦合关系，为主、副产品和废弃物找到生产流程的下游利用者，实现经济效益、生态效益和社会效益多赢的模式，符合绿色发展的理念，也是未来绿色生产的大势所趋。

第二节 绿色消费行为的促进与深化

一、绿色消费有利于提高资源利用率和能源使用效率

绿色消费是指消费过程中实现环境和资源影响的减少，绿色消

费是可持续发展理念的深化与发展。从物质守恒和物质流平衡的角度看，生产领域的绝大部分物质流通进入消费领域。消费品分为快消品和耐用消费品，快消品包括食品、饮料、一次性筷子、包装材料、一次性餐盒或纸杯等，这类消费品的消费周期很短，消费量巨大；耐用消费品在经济系统中的滞留时间较长，发挥效用的时间也较长，如汽车、房屋、道路以及家用电器、衣物等。无论是快销品还是耐用消费品，当其失去使用功能和效用的时候就成为废弃物，消费领域的废弃物如果能回到生产领域，不仅可以大大减少向环境的污染排放，还会降低对自然资源的依赖程度。在消费领域可以有多种途径逐渐向绿色消费转化。

二、绿色消费沿着产品的整个生命周期实现

产品生命周期包括产品设计、生产、流通、消费使用以及最后的废弃五个主要阶段，从摇篮（Cradle）到坟墓（Grave）的各个周期阶段涉及生产领域、流通领域和消费领域等多个领域范围。尽管产品仅在消费使用和废弃阶段与消费者直接发生关联，但实际上绿色消费涉及所有的产品生命周期阶段，需要整个经济系统的相互协调和统一才能真正得以实现。

1. 绿色设计

在产品质量管理中有一句名言"好产品是设计出来的，不是生产出来的"，生产过程仅仅实现物质形态的转化，产品的绿色特性在产品设计阶段就有明确体现。绿色设计可以使产品更耐用、更节约材料、对环境影响更小以及对资源利用率更高。例如，德国产品一个重要的设计理念就是"更耐久的使用就是最大的节约"，体现在其汽车制造业就是不断延长汽车保养里程，由最初的5000公里增加到7500公里，现在许多车型可以一万公里间隔保养，最大限度减少汽

车机油和润滑油的替换，从而实现资源与环境的友好。

绿色设计不一定与企业的利益最大化一致，如我国前几年的家电企业大打价格战，空调的价格降得非常低，企业为了竞争降低压缩比，降低了空调的能效，从而增加了空调在使用中的能源消耗。国家质检总局通过制定强制性标准，要求空调最低能耗不能高于五级能耗，此外地方财政通过对节能的一级、二级空调实行补贴，才逐渐改变高能耗产品在市场的主导地位。

2. 绿色物流

产品从生产领域到消费终端需要经过物流系统实现位置迁移，2018年中国货物运输总量515亿吨，比2017年增长7.1%；货物运输周转量205,452亿吨公里，增长4.1%[①]。随着网络零售的迅速崛起，物流环节产生的环境影响和能源消耗已经越来越引起关注，物流的能耗减少不仅是减少能源的消费、提高物流效率，同时也会节约企业的成本支出，因而许多企业都加大绿色物流的投入：构建节能物流中心、合理规划物流路线、减少物流里程、用电动车替代传统汽油、柴油车，等等。例如京东集团在2016—2017年减少物流影响推进绿色包装和实施青流计划。

绿色包装——在快递包装方面，使用拥有专利权的防撕袋，倡导用户循环使用包装；率先在生鲜配环节使用全降解包装袋，对环境无污染；生鲜冷链当中全部使用自主研发的保温周转箱，每年节省EPS泡沫箱至少4000万个；收窄胶带宽度，每年可减少500万平方米的胶带使用量，这一"瘦身"计划让京东在2016年减少了至少1亿米的胶带使用量，可绕地球2.5圈。

青流计划——推动上游品牌商简约包装、用大纸箱代替过多小

---

① 数据来源：《2018年国民经济和社会发展统计公报》。

纸箱等，协同减少电商二次包装。2017年6月，京东物流携手宝洁、雀巢等九大品牌商共同发起"青流计划"，预计到2020年，京东将减少供应链中一次性包装纸箱使用量100亿个，相当于2015年全年全国快递纸箱的使用总量。

3. 绿色产品

与同类产品相比较，一些产品在产品生命周期的某一阶段或者某几个阶段对环境的影响相对较小，这类产品我们通常称之为绿色产品，如有机食品、节能产品、可降解塑料产品、无磷洗涤剂、无铅汽油等。为了给消费者传递准确的环境友好信息，各国纷纷采用第三方环境认证的模式标识绿色产品。在我国常见的绿色认证包括中国环境标识产品、有机食品、绿色食品、无公害食品、能效标识（五级）、FSC（可持续森林产品认证）产品、MSC（可持续海产品认证）、ASC（可持续养殖海产品认证）、RSPO（可持续棕榈油种植产品认证），等等。除了第三方认证外，还有卖方的自我声明，向消费者表明自己产品的环境友好性，如自我声明包装可循环利用、产品无磷等。绿色认证产品比绿色产品的种类和数量少很多。

绿色产品一定具有社会属性（Social Attribute），也就是说，使用绿色产品可以减少消费阶段对环境的影响，但不会增加产品的使用性能。由于绿色产品在设计、生产过程中需要考虑环境要素，增加了企业的成本，所以一般绿色产品比普通的同类产品价格要高，差价部分被称为"绿色产品的溢价"（Premium Price）。不同类别的绿色产品溢价水平各不相同，一致的是绿色产品的溢价是消费者为环境买单，消费者愿意支付一定的额外成本，减少消费中的环境影响。

绿色产品在绿色技术学习的初期、产品的市场认同度不高、产品生产规模较小的情况下，往往具有较高的溢价水平；伴随着技术、市场的成熟，溢价水平会有显著的下降。以LED灯为例，LED灯能效水平比普通的节能灯高一倍，使用寿命是节能灯的2—3倍，而且不像节能灯含汞，可以大大降低废弃后的环境风险，LED灯比节能灯更具有明显的环境优势。但在LED推出伊始，由于LED技术不成熟，容易产生眩光反应，消费者使用不舒适，而且LED的价格过高（最初的LED市场价格在150—200元每个，而且需要配套系统，最初仅仅用于大商业集团）。2014—2015年，LED技术在18个月期间得到突破，生产成本降低一半，导致LED灯的溢价水平大幅下降，其应用也开始面向个体消费者。目前在市场上的LED灯溢价仅仅不到50%，而且考虑到其使用阶段的节能、寿命长，已经非常具有竞争力了，可以逐渐替代节能灯。

　　某些绿色产品同时也具有私人属性（Private Attribute），即消费者购买绿色产品不一定增加使用功效，但可以在其他的某些方面具有优势。例如，LED灯使用过程中不但节约能源减少碳排放，及其社会属性（Social Attribute），还为消费者节约电费；有机食品在其生产过程中不添加农药和化肥，有益于土壤环境，同时会在很大程度上保证食品安全，产生对消费者个体有益的私人属性。绿色产品产生的私人属性并不增加产品本身的效用，但往往会伴随着社会属性，同时产生有益于消费者的私人属性。世界自然基金会（WWF）在中国市场推动可持续海产品MSC的过程中，最初发现消费者并不接受MSC认证的海产品，MSC是以可持续捕捞方式获取的海产品，有利于保持海洋生态系统的生产能力和生态系统的平衡。消费者认为海洋生态的可持续与自身离得太远，对其没有太大兴趣。后来WWF改变市场策略，强调MSC海产品是全程可追溯，而且是从环境优良的海洋生态中捕捞，消费者认为MSC海产品食品安全性有保障，在强化私人属性后MSC在中国市场的认同度和销量均显著上升。

4. 绿色回收

消费领域的终端是废弃，消费产生的废弃物包括生活垃圾、废弃电子电器产品、报废的汽车等一切与衣食住行相关的、失去使用功效的消费品。生活垃圾属于日常的废弃物，产生的频度高、数量大，城市化进程的加快进一步加剧生活垃圾的数量增长；家具家装、电子电器和汽车等耐用消费品的报废频度低，可是其环境危害大，可循环利用的经济价值较高。各种废弃物如果重新回到生产领域就是"放错地方的资源"，如果不能重新产生经济价值就会直接回到自然系统中，绿色回收势在必行。2016年在中央财经领导小组第十四次会议上，习近平总书记强调加快垃圾分类投放、分类收集、分类运输和分类处理的垃圾处理系统。十九大报告中明确提出"加强固体废弃物和垃圾的处置"。2018年5月召开的全国生态环境保护大会上，党中央、国务院把固体废弃物污染防治摆在生态文明建设的突出位置。2018年12月中央全面深化改革委员会审议通过了《"无废城市"建设试点工作方案》，顶层政策设计步伐的加快标志着未来我国生活垃圾的管理转型势在必行。

生活垃圾、工业垃圾、医疗垃圾、建筑垃圾的源头不同，产生的频度和数量不同。无论哪类垃圾建设无废城市均需要从源头减量、分类回收、提高再循环利用率原则出发设计。

不同类别垃圾有各自不同的回收路径。例如，欧盟要求所有面积在 $80m^2$ 以上的电子电器类必须设置回收箱，能够方便消费者分类丢弃小型电子电器产品。医疗垃圾的健康风险极高，处理这类垃圾不但要单独回收，而且需要严格控制健康和环境风险。工业垃圾绝大多数有污染，能循环利用的部分也在生产领域转移，避免进入消费领域和自然系统产生重复污染和二次污染。

绿色回收是从废弃端的物质进行无害化资源化的处理过程，绿色回收体系是一个涉及全社会的系统工程。

回收系统的分类管理降低风险，而逆向物流是回收系统的核心之一，只有降低逆向物流成本，才能在有技术条件前提下保证再循环利用的产业化和市场化运作。

5.绿色消费习惯

消费主体众多、消费层次千差万别、消费行为多样化，以消费者为主体的绿色消费习惯的形成，是绿色消费的重要组成部分。例如，"光盘行动"逐渐引导消费者减少食品浪费；公共出行、绿色出行减少碳排放等，许多行为的改变可以减少浪费、提高物质的使用效率。改变原有的消费习惯，养成绿色消费习惯是改变并固化行为方式的过程，是逐渐形成绿色消费意识的过程。

三、消费者的绿色消费意识与绿色消费行为差距

绿色消费作为一种可持续、环境友好的消费行为，渐渐被越来越多的人所接受，也被众多国家大力倡导和推行，成了一种新的消费趋势。绿色消费行为是一个复杂的、多层面的过程，它首先受到消费者自身的年龄、认知、教育水平、性别以及经济水平的主客观因素制约，也受到外在的社会和制度设置安排的驱动。消费者在消费过程中会考虑其行为带来的后果，绿色消费的社会意识和责任并非独立存在属性，消费的核心是满足消费者的特定需求，如果该需求无法满足或者没有达到消费者的心理预期，社会属性（social attribute）也同样无法实现。

绿色消费意识是绿色消费的基础，通过相关的教育和宣传可以有效提高环境消费意识水平。绿色消费意识真正转化为绿色消费行为还有很大的差距，一项研究显示，72%的消费者表明愿意购买绿色产品，但实际仅有17%的消费者真正实施了绿色购买行为。

2017年中国人民大学环境学院在北京社区调查的结果就显示，尽管95.82%的消费者知道废旧电池会污染土壤，81.49%的消费者清楚废弃的节能灯会造成汞污染，但这两类危险生活垃圾的单独处理率在受调查人群中仅为22.09%。

1. 消费者额外支付意愿与绿色产品实际溢价之间的差距

购买绿色产品通常被认为是最典型的绿色消费行为，消费者购买绿色产品往往需要比普通产品花费更多的金钱，为绿色产品额外支付的价格并不能增加产品的使用效用，而是为减少环境影响预防性支付的成本，也就是为环境买单。消费者均会有不同的心理预期支付，通常称为额外支付意愿（extra willingness to pay）。绿色产品在生产过程中受到技术水平、企业生产规模、市场认知度和市场份额等多方面的影响，其市场价格高于普通产品的价格就是产品的实际溢价水平（actual premium price）。

如果消费者的额外支付意愿大于或等于绿色产品的实际溢价水平，绿色产品就很容易被消费者接受；反之，如果额外支付意愿小于绿色产品的实际溢价水平，即使消费者具有绿色消费意识，清楚明白绿色产品对环境更有益，也不会真正购买绿色产品，绿色消费意识不能真正转化为绿色消费行为。2016年联合国环保署委托中国人民大学环境学院在中国10个典型城市进行绿色消费调查的结果显示，现阶段国内消费者的额外支付意愿在5%左右，而绿色产品的实际溢价水平平均在30%左右。绿色产品的溢价水平过高严重制约了绿色消费。

缩小支付意愿之间的差距，一方面从教育宣传着手，进一步提高环境意识的同时也会提高消费者的额外支付意愿水平；另一方面，从生产领域降低绿色产品的生产成本，降低绿色产品的实际溢价水平。只有不断缩小二者的差距，让更多消费者愿意接受、能够买得起绿色产品才能真正推进绿色消费。

2.增强消费者对绿色产品的信任

为环境额外支付的费用能够减少环境影响，消费者购买绿色产品希望物有所值，绿色产品是真正的绿色产品。从生产领域到消费者手中，供应链条环节众多、市场信息失真和扭曲导致消费者难以辨别。绿色产品的信任度是消费者是否选择购买的最重要因素之一。影响绿色产品信任度的三个因素有：绿色认证标识、以往愉快的购物体验、品牌。

第三方的绿色产品认证会增强消费者的信心。中国消费者辨识度最高的认证标识是能效标识和绿色食品，中国环境标志的辨识度仅为48.65%。政府的宣传有助于让更多的消费者认识认证标识，使绿色产品的信息能够在市场内有效传递。

消费者绿色消费的时间成本往往会影响其购买决策。在有过往购买经验的情况下，就不愿再花费时间去了解认识新的产品。如果以往购买的产品体验较好，那么消费者自然而然地会去继续购买，这时外界对他的干扰因素便弱化了；但是如果消费者的购物体验不是很愉快，那么即使在产品价格、宣传等因素的影响下，消费者也不愿去选择购买绿色产品，这样就形成了对此种产品的购买习惯。也可以说，消费者的日常行为更多地受到习惯、经验的影响，理性的思考要相对少一些，以往愉快的购物体验增加了消费者重复购买绿色产品的意愿和行为的可能性。

消费者倾向以品牌判断产品的功能属性，如果产品的品牌是值得信任的，消费者往往会认为这能很好地降低风险。对产品的质量不确定或有风险时，消费者会很依赖可靠的品牌，所以在这种情况下品牌会给予消费者更多的信心。国内市场的绿色品牌少、品牌知名度不高，绿色品牌对于提升绿色消费行为的作用不足。2016年环保署的调查显示，收入越高、受教育程度越高的消费者选择绿色品牌消费的比例越高，但是市场绿色品牌的缺乏严重制约了这部分人的绿色消费行为。

3. 节约成本与安全健康对绿色实际购买行为的作用巨大

尽管消费者认为自己的绿色消费行为是为了保护环境，是一种利他性行为，但是同时具有私人属性的绿色产品很容易被接受。2016年环保署的调查研究显示，消费者选择绿色产品的驱动力多种多样，食品的安全与健康占比最高，达61.99%，以保护环境为目的占比50.21%，认为绿色产品的质量可靠占比49.16%，以及使用绿色产品可以降低使用成本占比35.29%。绿色消费的驱动力除保护环境外，还有安全健康和节约成本。在现阶段，中国消费者绿色采购的核心驱动力还是以自身经济和健康利益为主导的。

绿色产品消费过程中带来的节约成本、安全和健康等私人属性可以有效缩小绿色购买意愿与实际购买行为之间的差距。相对于耐用的冰箱、空调之类的绿色产品，有机食品的购买频繁，可替代性较强，因此，普通消费者一般不会每天都进行有机食品的购买，而往往会选择用传统普通食品来替代。而对于耐用消费品，由于使用时间较长，当具有安全和健康的私人属性时，消费者的购买概率会增大。2017年中国最大的网上商店京东的绿色发展报告就显示，绿色产品销售增长最快的品类就是绿色家电。

第三节　绿色生产与绿色消费相互作用

一、绿色消费与绿色生产以市场为平台纽带

生产为了消费，市场这一流通环节将生产与消费连接，生产、

流通和消费的各个环节都会产生不同的环境影响。绿色发展的核心内涵应围绕着全过程的污染预防和废弃物的减小化，以预防替代事后补救。针对每个生命周期环节的环境影响进行系统分析，替代"头痛医头脚痛医脚"的管理方式，寻找能够减小环境影响的关键点，同时，基于生产者责任延伸，责成能够最大限度减少污染的责任方实施污染预防，与利益相关方分担经济成本。例如，大量电子废弃物产生的环境影响预防的最佳环节是生产商根据有毒、有害电子废弃物种类及数量，对生产厂商征收环境税，有利于生产企业从产品设计的源头减少有毒有害物质的使用，使受益者分摊环境税成本。

在明确经济活动中的环境责任主体和环境行为受益方的前提下，政府协调各个利益相关方，运用市场杠杆和经济手段调整、实现各方利益的均衡。本着预防为主、谁受益谁付费的环境责任以及系统协调的原则，才能有效保证社会福利的最大化，提升环境管理的效率和有效性。

实现绿色消费不能单纯依靠消费者的意识和行为，而是需要根据产品的不同沿着整个生命周期寻找改进的关键点，明确责任人，运用法律、行政、经济以及市场等多种手段从源头减少环境影响。随着网购的普及，包装材料废弃物激增，仅依赖消费者回收分类并不能解决数量不断增长的问题。欧盟先后制订并推行了 Rohs 指令和 Weee 指令（Waste Electrical and Equipment Pirective），以减少回收中的环境影响。

我国目前的环境标准以环境质量标准和污染物排放标准为主体，涉及产品的环境标准数量极少。产品的环境标准是针对产品在生产、物流、使用或废弃等各个阶段可能产生的环境影响通过标准的形式予以规范。在国际上产品环境标准越来越受到重视，如欧盟的 Rohs 指令规定所有在欧盟市场的电子电器产品中不能含有包括铅在内的多种有毒有害物质，这些物质电子产品废弃后的环境风险不可控；德国大众要求汽车中的可循环和不可循环的部件必须容易分离和拆卸，可循环的塑料部件根据种类明显标识，以便于汽车报废后的分类回收和利用。我国的能效等级就是最典型的产品质量标准，多种电器产品强制性规定最低的能效，为节能提供保障。完善我国的产品环境标准可以提高市场准入门槛，从源头减少环境影响，用较小的预防成本实现环境效益最大化。

时间成本往往也是影响绿色消费的因素之一，尤其在产品废弃过程中，如果便利性较差，绿色消费的推动将困难重重。以生活垃圾的分类为例，如果不能结合中国家庭的实际情况，提升分类的便利性，提高厨房源头的垃圾分类的可操作性，生活垃圾的分类和利用就难以实现。

二、绿色消费对绿色生产的倒逼机制

绿色消费理念在中国已经开始产生萌芽，尤其以大中城市中产阶级为代表，从关注自身健康安全开始逐渐转向关注环境影响，目前在中国已经有近九成的消费者有自身消费与环境密切相关的绿色消费意识。将消费者的绿色消费意识尽可能转化为绿色消费行为，并带动更多消费者的行为转化，才能逐渐推进绿色消费。

1. 绿色消费的物质减量化

首先应该明确的是，绿色消费并不仅仅是消费者自身的生活方式，绿色消费必定会对绿色生产产生倒逼作用。近几年我国供给侧改革取得了显著成绩，供给侧改革的本质就是提高资源的配给效率，扩大有效供给，绿色消费也要求生产企业能够为绿色消费提供有效的产品和服务。绿色消费核心是消费领域的物质产品能够实现减量、循环和再利用。减量化是最优的选择，产品的减量不仅仅是消费者少买产品、买对环境影响小的绿色产品、节约使用，更应是与生产领域的合作中实现在保证使用功能的基础上尽可能提高资源效率，减轻环境污染。例如，常见的饮料易拉罐使用普遍铝材，可口可乐公司投放欧洲市场生产的可乐罐比其原有的易拉罐减重5%，每年仅此一项，就已经节约了几千吨铝材。法国达能公司是世界知名食品企业，在其对牛奶饼干的生命周期分析后，发现影响碳排放最大的环节是饲养奶牛过程中牛反刍产生大量的甲烷（甲烷是京都议定书中6种强制性减排的温室气体之一，温室效应约为二氧化碳的25倍左右）。达能公司通过改变牛饲料的组成比例，减少了温室气体的排放。达能首席执行官直言不讳消费者对食品的透明性和自然性提出的更高要求，促使达能与合作伙伴携手，从达能供应链中的14万农户开始，打造以健康和可复原土壤为基础的可再生农业模式，降低了碳排放，改善了土壤的保水性和土壤中的生物多样性。"通过对我们的经营实践实施深刻改革，我们正在为达能未来的产品和服务奠定基础"。

德国针对消费过程中产生的包装废弃物进行收费，但德国政府并非直接对消费者收费，而是基于生产者责任延伸（Expanded Producer Responsibility，EPR）的理论对生产者收费，根据包装材料的种类和数量计费。收费有利于减少包装，体现使用者付费的原则，但不应直接针对消费者收费，因为生产者具有包装的话语权，可以在生产过程中通过设计减少包装的种类和重量。

2. 绿色消费的循环利用物质逆向流动

消费领域的废弃物源头是消费者，物质循环和利用首先是基于消费者的绿色消费行为，保证各种废弃物回到政府或生产企业指定的集聚地点。欧盟法规明确规定，经营面积在80m²以上的电子电器商店必须设立小型电器的回收箱，保证消费者能够方便、准确地丢弃小型电子电器。像英国的 TESCO 零售企业专门在门店设立固定的废旧衣物回收箱，保证消费者绿色消费渠道的畅通性。节能灯具有优良的照明能效，灯内的汞蒸气废弃过程中很容易对土壤和水体造成污染，美国亚利桑那州要求将废弃节能灯带到中小学校集中，不能直接丢弃在生活垃圾中。

通过不同渠道回到生产领域的废弃产品再循环利用才能再次实现其经济价值。产品功能的多样性导致产品结构的复杂和功能模块的增多，这一趋势更好地满足了消费需求。结构复杂的产品使用多种材料的组合，有些材料是可以循环使用的，有些材料不能循环使用，在生产过程中就需要考虑使产品的可循环部分与不可循环部分易于分离。一份典型的产品环境审核清单包括：

（1）使产品更加耐用；

（2）使产品易于维修；

（3）使产品能够被再制造；

（4）使产品能够被再使用；

（5）使用再生材料生产产品；

（6）使用可循环的材料；

（7）使产品的可循环部分与不可循环部分易于分离；

（8）消除产品的有毒和有问题的成分，或者是这种成分在最终处置前易被替换或去除；

（9）使产品具有更高的能源和资源使用率；

（10）运用清洁工艺技术生产产品；

（11）设计易于开展污染源消减的产品；

（12）改进产品设计以减少包装。

从上面的清单中可以明确看出，绿色消费是一个全生命周期（Life Cycle）的减少过程，尽管消费者仅仅在使用和废弃阶段涉及绿色消费的行为改变，但如果真正实现绿色消费的话，就必须使废弃品能够重新得以循环利用。绿色消费对绿色生产产生了非常明显的倒逼机制。

3. 产品的环境影响与经济性

产品物质逆向循环流动可以实现资源和环境的正效益，在实际的经济系统中能否真正被循环利用，还受制于经济性的影响。以玻璃瓶回收为例，重复利用的矿泉水瓶和啤酒瓶在被偶然或有意破坏之前，如擦痕影响外观、盖子密封性不好或破碎等，瓶子可以使用20次到50次。与一次性的包装相比，多次反复使用可以大大提高物质的使用效率。但是应看到，反复使用的包装材料在重新被利用前对清洁度有较高要求，清洁容器时要使用热水、蒸汽和清洁剂，可以抵消一部分生态利益；另外，效率高低与运输的距离直接相关，把空玻璃瓶运输到250千米之外的地方在经济上就不合理，所以应当优先考虑当地实行押金方式，缩短物流距离才能实现循环利用，但这往往会与饮料食品工业的工业布局格格不入。

可循环利用的物质与自然资源之间具有相互替代性，如果自然资源的价值低于循环利用的价值，生产企业就很难利用可再生的资源，提升循环利用效率就必须研究其经济性和可操作性。

第四节　物质减量的社会变革——功能经济

传统线性经济的物质流动具有单向性，即资源—产品—废弃回到自然系统，经济发展与物质总量之间必然存在着正相关。而我们经济中的有形产品和无形服务体现的是功能，产品本身是实现经济功能的载体，因而物质减量需要社会系统的调整，从以产品为导向转为以服务功能为导向，才能得以真正实现。

　　传统企业是在"产品经济"框架下运行的，以产品为媒介追求利润的最大化是企业的目标。因此，企业在具体的运行中总是尽可能多地生产产品来获取利润。但实际上消费者所需要的只是产品所提供的功能，而不是产品本身，近些年来消费界不断倡导的极简生活方式就是对此的最好诠释。鼓励消费者购买产品的服务功能而不是产品本身，鼓励企业用对社会的服务而非产品换取利润为经营目标，生产的回报应该是产品的"服务功能"的最大化，而非产品数量达到最多。

　　功能经济意味着增加财富，但并不是扩大生产，它通过优化产品和服务的使用与功能，来优化现有财富（产品、知识和自然）的管理，从而减少自然资源的使用和废物的产生。功能经济的目标是最充分、最长时间地利用产品的使用价值，同时使用最少的物质资源和能量，因此这种经济是可持续的、非物质化的。

　　功能经济的特点就是"产品+服务"替代产品本身，不是不需要生产产品，而是用服务替代部分产品，从而实现用更少的物质满足更多的需求。服务（Service）就是一项不以生产产品为主要特征的商业活动，形象地说服务就是你购买的任何砸不到你脚上的东西。服务通常包括：

　　α型服务——客户前往服务场所，如干洗、美发、医院等；

　　β型服务——服务前往客户处，如电器维修、包裹运送等；

　　γ型服务——远程服务，服务通过电子手段开展的，如银行的电子交易、远程防盗报警等。

　　这三类服务的环境影响各不相同。

　　服务替代产品大大减少了环境影响，例如，农药生产商向农民提供化学药品，这是销售产品，但是如果农药生产商向农民提供综合病虫害防治系统，包括施药、提供轮种和作物选择的指导，鼓励改变耕作方式，采用病虫害生物控制以及利用遥感器和卫星系统对耕地状况进行实时监测，即所谓的综合病虫害管理（IPM）配套技术，这就是服务。农药生产商运用系统技术可以在保证杀虫效果的基础上，最大限度减少农药的使用量。

从产品经济向功能经济转化，意味着产品的提供者和使用者之间经济利益分配的改变：产品经济的利益是以单位产品的利润乘以销售产品的数量，生产者希望销售更多的产品，实现自身经济利益的最大化，其结果就是经济越发展物质的需求就越大，即使实现产品的再循环利用，物质减量到一定程度就会出现瓶颈。纵观世界经济的发展历史，19世纪燃料资源开发与机械动力相互推动的反馈机制；20世纪成本下降与需求扩张的滚雪球反馈机制；21世纪的物质减重（Dematerialization）与无重量经济（Weightless Economy）相互诱惑的反馈机制，到目前为止几乎还没有国家将经济发展与物质增量脱钩，也从一个侧面证明了产品经济实现物质的真正减量不可能实现，只有改变功能经济才可能实现经济的物质脱钩。

功能经济的利益分配发生本质变化，产品供应者如果能实现以较少的产品加服务才能实现自身的经济利益。例如，施乐公司（Xerox）是大家熟悉的复印机巨头之一，它实施的一项"再造"（remanufacturing）战略就是以服务（高质量的复印）而不是以生产新的复印机，来优化公司的销售。施乐用户的复印机，可以定期得到技术人员的保养与维护。这些技术人员都具备各方面的才能，能当场解决一些基本的维修问题（如清洗等）。如遇需要的话，有毛病的部件将交给最近的一个维修点进行维修，修复后装回一台复印机里去，但不一定是它卸下来的那台复印机。施乐公司承认在美国市场上1992年节省了五千万美元的原材料购置、后勤服务和库存等费用，1993年，节省经费额达到1亿美元。

合同能源管理（Energy Performance Contracting，EPC），就是一种新的能源诊断、技术、设备以及相关服务的一体化的能效提高模式，最早起源于八九十年代的美国，应用于美国联邦政府和州政府的公共建筑。能源是以提供效用为目的，节能服务公司帮助客户用最少的能源用量达到客户需要的目的，然后客户和节能服务公司共同分享节能的经济收益。客户在满足效用的基础上，如果能源使用量越少，客户的能源费用越低；同时，能源费用越低，节能服务公司就可以获得越多的经济收益。合同能源管理实现了经济和能源节约的双赢局面。2019年3月6日国家发改委等七部委联合印发了《绿色产业指导目录（2019年版）》，其中绿色服务和节能环保产业均被列入绿色产业，产品加服务的功能模式有助于进一步提升物质使用效率。

第三章 环境管理的主体在绿色发展中的作用

第一节 环境管理的主要手段

一、环境规制

环境物品属于公共物品（或准公共物品），它们无法从私人市场上获得，因而政府作为环境物品的代言人，有责任和义务为公众提供必要的清洁的空气、洁净的水、功能良好的生态系统等环境物品。环境物品在自然系统中本身就存在，政府管理的目标就是保证经济活动综合不损害或降低环境物品本身的质量，降低或限制外部不经济性的水平，最大限度保证社会的公平性。

环境规制就是首先被用到的环境管理手段，为保证社会福利最大化，政府通过制定相应的法律法规和标准来约束行为人对环境的损害。法律法规和各种技术标准具有强制性，只要涉及的经济行为人就必须依照环境规制的要求执行。随着经济活动复杂性的增大，需要规范的范围逐渐扩大，原来没有的需要逐渐完善。环境规制的约束对象是各类经济行为人，属于私法的范畴，即不规定、不禁止，如果相应的法律法规和标准没有强制性的规范要求，经济人的行为即使可能造成环境损害，也不需要承担相应的社会和经济责任。因而环境规制并不是一成不变的，其规范和约束的内容必须与经济和社会的发展协调一致。

另外，随着经济发展和技术水平的提高，环境规制的严格程度也随之提高。因为边际效益的递减导致单位污染水平的成本在逐渐提高，为了保证经济发展具有一定的空间，政府在设定标准的阈值时会考虑经济人的技术水平和环境成本负担能力，要求部分外部不经济性内部化，及标准阈值以上的部分必须内部化，成为必要的环境成本。标准阈值以下的部分化为社会福利的损失部分，以换取发展的机会和平台，这就是我们通常所说的发达国家走过的先污染后治理的老路。以部分的社会福利损失换取发展平台往往是经济发展的代价，伴随我国改革开放四十年的经济高速发展，环境问题的凸显其实也是发展的必然代价。

当经济发展到一定水平时，经济发展和环境保护的天平就需要开始逐渐向环境保护倾斜。原因有两个：第一，社会福利损失的累积性要求政府必须不断减少福利损失；第二，经济发展水平的提高也为社会福利损失减少提供了技术和资金上的客观优势。所以，各国在经济发展的初期都是以相对宽松的环境政策换取本国的经济发展，当经济发展到一定程度之后逐渐提高环境规制的严格性，向环境保护倾斜。

环境规制是环境管理最重要的管理手段之一，没有环境规制的必要要求的前提下，经济人不会主动将外部不经济性内部化。但是，环境规制本身具有一定的局限性，一方面，政府收集污染源信息数据和实际监管中大量的成本投入，使环境规制的执行成本高昂；另一方面，不同的企业污染控制的边际成本曲线不同，政府在环境规制中无法顾全成本控制的差异性，只能估算并选取社会平均边际成本作为参考，往往会导致企业的执行成本高昂。

传统的环境经济学也会进行成本收益的评估，以此判断环境政策的有效性，但是这种评估环境与经济的关系往往是单一的、局部的。例如，当无铅汽油替代有铅汽油时，经济学的评估注重无铅汽油替代的成本以及由此带来的环境健康受益，但实际上无铅汽油的应用要求汽车必须降低发动机的机缸压力，由此带来燃油效率的降低以及石油使用量的增加，而在传统的经济学中无法计入成本收益的分析。因此，环境规制在环境管理中极其必要，但往往是一种低效率的管理模式，它以牺牲部分的经济学效率获取相应的社会公平。再如湖南的有色金属开采和尾矿处理的方式是首先污染水体，伴随着水资源的蒸发、渗透、迁移等自然过程的累积，镉、砷等众多重金属最后在土壤介质中沉积，导致几十年之后在重金属超标的土壤上种植的水稻也重金属超标，无法达到食用标准。有色金属开采造成的环境损失不仅导致直接的经济损失，长期的、间接的环境损失也很难估量，所以往往会造成环境规制的严格程度产生偏离。环境规制约束的有效性使用成本收益速算往往偏低，事后补救的手段产生各种不确定性，所以在环境管理中的污染预防原则至关重要。

二、市场手段

在保证社会公平的基础上提升经济效率就是市场手段在环境管理中得以运用的内在动力。环境规制对所有的经济行为人具有很强的约束性，规定哪些行为可为、哪些行为不可为，规定了各种经济行为的环境底线。但是环境规制对于经济行为人是没有激励作用的，也就是说无论是生产者还是消费者，其经济行为人的本性决定了在满足环境规制的基本要求后，不会进一步改善其环境行为来降低外部不经济性，例如，国家污水排放综合标准要求五日生化需氧量 BOD_5 是 $100mg/m^3$（二级），甘蔗制糖企业不会将污水浓度降到 $100mg/m^3$ 以下，因为降低污染物的浓度产生的环境效益并不会给企业带来直接的经济收益，却会增加企业的生产成本。必要的经济手段的运用可以激励企业改善环境行为，进一步减少其外部不经济性。

庇古手段就是运用已有的市场机制，包括明确产权，税收、补贴、财政手段等，激励企业改进环境行为，在强制性要求的基础上有条件地减少外部不经济性。科斯手段就是建立新的环境市场，将原来没有经济价值的废弃物或污染物人为地赋予其稀缺性，各个企业的边际成本曲线不同的客观条件保证了市场的可交易性和处理效率的最优化。

1. 环境税（费）和环境补贴

税（taxes）和费（charges）常常被交叉使用，税是财政收入，收支两条线，而费是行政收入，由管理部门机构收取，收支一条线。税收必须通过和修正税收法律的司法程序才能得以实施，因而往往比较滞后。

狭义的环境税主要指与环境污染控制相关的各种税收手段，包括排污税、产品税、以环境保护为目的的税收差别和税收减免等，也就是政府为了减少污染物的排放，对环境行为的经济人（法人和自然人）征收的特别税种，这是各国普遍采用的经济手段之一。

基于污染者付费（Polluter Pay's Principle，PPP）原则，针对污染源的污染物进行一定方式的收税（费），是环境污染税。由于污染源存在的普遍性，环境税的征收在激励企业更有效率地去除污染的同时，还会为整个社会的环境污染治理提供大笔的公共财政。环境污染税的征收尽管具有普遍性，但其自身存在着一定的局限性：首先，税收的市场有效性取决于税率的确定和征收方式。如果按照征收污染物的种类、数量划分，环境税包括单污染因子、三污染因子和多污染因子三类，也就是说企业排放的污染物可能有多种，仅按照其中的一种、三种或多种污染物的数量计税。其次，如果企业排放的污染物种类多，环境税收的种类少，就会令企业重点关注少数的污染种类。如果按照税率区分，则包括欠量收费、等量收费和超量收费，政府在制定污染税率时会考虑经济发展与环境保护的平衡，基于社会平均污染治理成本曲线考虑税率，若制定的税率低于社会平均成本则是欠量收费，二者水平等同就是等量收费，前者更高则是超量收费。只有等量或超量收费才会发挥经济杠杆的作用，欠量收费反而会鼓励企业多排污。税率即环境价格是调节生产者和消费者改变自身行为的调节杠杆。

设定环境税的另一个重要原则是超标收税还是排污就收税，如果超标收税的话仅仅是对环境违法企业的违法行为的惩罚，并不涉及所有的企业；排污就收税意味着企业交税的额度与其污染物总量直接相关，不仅要达到排放标准而且减排的话，直接减少环境税总额。从激励效果上看，排污就收税、等量或超量收税以及多因子税收体系具有最佳的激励效果。

环境税的征收不仅仅涉及生产领域，许多消费领域也通过征收环境税（费）实现节约资源、减少污染。产品环境税能否起到调节消费者行为的作用在很大程度上取决于产品的需求价格弹性，也就是说，弹性越大调节作用越强。以能源产品为例，高弹性才能使人们减少对该能源产品的需求，进而减少供给，起到节约资源、减少污染的效果。

经济手段的运用的确可以提高经济效率，但提高效率的同时往往不利于社会的公平。例如，瑞士对消费者征收碳税，提高碳税后尽管从总量上体现多消费多征税（见表3-1），但是如果考虑相对占比，就看出碳税更有利于富裕人群、城市居民。税收作为有效的经济手段提高经济效率的同时会降低社会的公平性，偏离了环境管理的初衷。

表 3-1　瑞士提高碳税后的分配效应

收入群体	损 失	
	克朗／单位／年	占总消费的比例（%）
最穷的 20% 人群	888	1.24
最富的 20% 人群	1026	0.78
城市地区	1261	0.88
北部农村	1391	1.16

广义的环境税，除上述的狭义环境税内容外，还包含着与环境资源利用相关的税种，这是由于自然资源具有稀缺性，而经济活动过程除了必要的人力投入外，还需投入自然资源。赋予环境资源以合理价值有利于资源的优化配置，提高资源的利用效率。

补贴通常被认为是消极的税收，而环境补贴通常被用于资助有明显公共产品特征的研究和开发，如清洁生产技术的研发，这类技术企业很难从中盈利，私人资金难以进入，通过政府补贴促进对环境有益的技术（设备）或产品应用与推广。环境补贴的目标是对经济活动可能产生的环境正效益予以经济手段的干涉，故补贴的重要目标是减少社会福利损失。从补贴的时间轴上看，贷款项目（绿色金融）早于技术（设备）购买补贴，更早于产品补贴。是产品补贴还是技术（设备）补贴，更有利于撬动市场（bang for the buck）还没有明确的定论，但总体说，针对一个给定项目，补贴的时间点越早越容易协调公共部门与私人领域的折现率的矛盾。研究表明，环境补贴对社会福利损失的减少具有明显的正向作用，但在一定情况下会降低绿色效率。

2. 排污权交易

排污权交易的理论基础是"科斯定理",即最优的资源配置与产权的初始配置状态无关,只要市场交易成本为零,就可以最终到达最有效率的资源利用效果。政府基于公共管理的目标,确定保证环境质量条件下的最大污染物排放总量,然后将其分割成若干个规定的排放量,即若干个排污权。政府以不同的方式将这些排污权初次分配给排污企业。排污权的初始分配是政府环境规制的有效手段之一,限定排污企业的污染物排放数量和外部不经济性的内部化边界,促使排污权具有稀缺性,从而建立排污权市场。

由于污染物处理的边际成本曲线的差异性,排污权可以在企业间交易买卖,边际成本低的企业向边际成本高的企业出售排污权,从而实现了以最低的社会污染治理成本保证环境质量的要求。

环境标准普遍被用于污染物的排放限制,但随着企业数量的增加,即使所有的污染企业都达标排放也会导致这一区域的污染物总排放量的增加,与环境质量目标相悖;如果强调环境质量的要求,限制新的污染源加入,新企业的技术管理水平可能更高,污染治理的边际成本曲线更低,不但影响经济效益还会提高降低社会福利损失的成本。排污权交易的引入有利于资源的配置和优化。

例如,旧金山的 Wichland 石油公司向海湾地区空气质量管理局申请在 Contra Costa 县建造一个每天四万桶的终端站,通过油轮或管道所接受的石油,被贮存在有浮顶的油罐中,然后再通过油罐车或管道送出。在排污许可申请时,该县有三种污染物未达标:SO_2、CO 和碳氢化合物。拟建的终端是一个重要的空气污染源,因此,受到排放补偿的限制。

Wickland 石油公司必须通过下列几种方式获得必需的排放补偿:

（1）减少或消除拟建终端 Wickland 石油现有设施的污染，即内部补偿；

（2）利用储蓄补偿；

（3）减少或消除其他工厂现有设备的污染排放，BAADQMD（海湾地区空气质量管理局）不接受等值的外部补偿；

（4）购买其他工厂储蓄的污染补偿。

利用排污权交易的补偿机制，石油公司新项目已获批，但并未影响当地的空气质量管理要求，见表3-2。

表3-2　Wickland 石油公司项目——预计排放和建议补偿量（t/a）

	SO_2	HC	CO
补偿前总计排放量	24.7	83.2	1.31
巴黎之城补偿—新设备		−151.4	
弗吉尼亚化学有限公司补偿—关闭工厂	−7.4		
来自燃烧低碳煤的船只和车辆补偿	−22.2		
补偿后总估计排放量	−4.9	−68.2	1.31

注：t/a—即 ton/average year，平均每年的排放吨数。

随着我国污染企业数量的增加，环境标准的严格程度已经明显提升，以我国煤电大气排放的标准为例，在经历1991年、1996年、2003年和2011年四次提标之后，包括 SO_2、NO_X 在内的主要大气污染排放物已经接近或达到国际先进水平。即便在这种背景下由于火电的比例在我国二次能源中占比仅七成，污染物的排放总量依然非常大。如果进一步减少污染物排放量，再次提标的单位污染治理边际成本越来越高，经济发展的压力就会越来越大。运用排污权交易手段，在不同行业间允许 SO_2 等边际治理成本高的污染物进行买卖，会大大降低社会污染治理的总成本，达到经济和环境相协调，实现双赢。

3. 生产者责任延伸与押金抵押—返还制度

瑞典经济学家 Thmoas Lindhqvist 于1990年首先提出生产者责任延伸制度（Expended Producer Responsibility, EPR）的概念。他认为，生产者责任延伸是一种环境保护战略，旨在降低产品对环境的总影响。该制度将生产者的责任延伸至产品的整个生命周期，特别是对产品的循环和最终处置阶段的负责。Thmoas 教授将生产者的责任划分为五类。

（1）产品责任（Liability）：生产者对已经证实的由产品导致的环境或安全损害负责，这一责任通过环境法规和标准体现。

（2）经济责任（Economic Responsibility）：生产者为其生产的产品支付管理产品（使用后）的全部或部分成本，包括废弃物的收集、分类和处置等。生产者可以通过特定费用的方式承担这一责任。

（3）物质责任（Physical Responsibility）：产品使用期后的直接或间接产品物质管理责任，包括发展必要的技术、建立并运转回收系统以及处理他们的产品。

（4）信息责任（Information Responsibility）：生产者有责任提供与产品有关的整个生命周期的环境影响的相关信息。

（5）所有权责任（Ownership）：在产品的整个生命周期，生产者保留产品的所有权。

该责任的描述涵盖了生产者对产品环境安全损害、产品的清洁生产、环境信息公开、废物回收再循环利用等产品生命周期链条上的责任，并特别强化产品消费后阶段生产者预防和治理废气残品污染环境，影响环境安全的责任。但该责任内容过多和范围过广，且责任内容模糊。

1995年 Thmoas 教授对延伸生产者责任制度进行了再修订："延伸生产者责任是一项制度原则，主要通过将生产者的责任延伸到产品的生命周期的各个环节，特别是产品消费后阶段的回收、再循环和最终处理处置，以促进产品整个生命周期的环境保护。"此次修订主要针对产品消费后阶段责任，使该责任范围更加具体化，淡化了因责任范围过宽泛而难以执行的缺点。

生产者责任延伸制度的五种责任是一个有机的整体，缺少任何一个方面都可能造成该制度的无法正常实施。生产者责任延伸制度强调生产者的主导作用，但该制度并没有明确界定产品的使用者、管理者等各相关利益方在环境责任方面的分担，让生产者完全承担上述的五种责任也不现实。

美国环保局将生产者责任延伸制度界定为产品责任延伸（Expended Product Responsibility, EPR），它认为延伸产品责任是一项新兴的实践，EPR 主要考虑到产品的整个生命周期，从产品设计到废弃，实现保护资源预防污染的目的。在延伸产品责任体系中，制造商、供应商、使用者（公共和个人）以及产品处置者将共同承担产品及其废物对环境的影响责任。延伸产品责任的一个目标就是识别生产链条上哪些最有能力改变产品环境影响的参与者。该责任的主体视情况而定，或者是原料的生产者，或者是最终用户或者其他。产品责任延伸从本质上界定了生产者、使用者和政府三者对产品造成的环境影响负有责任。

1998 年经济合作与发展组织（OECD）在《EPR 框架报告》中再次较为完整阐释了该定义：EPR 是指产品的生产商和进口商必须对其产品在整个产品生命周期中对环境负有大部分责任，包括原材料选取和产品设计的上游影响，生产过程的中游影响以及产品消费后回收利用处置的下游影响。OECD 的定义明确了 EPR 是生产者的产品环境影响责任，并对该责任内容范围做出了阶段性划分，即产品的上游、中游和下游的环境影响责任。但该定义依然未能克服规定过于宽泛的缺陷。该定义的 EPR 政策的实施将是一个系统性的工程，其规模之大、涉及利益群体之广，如果没有相对完善的配套机制根本无法实现。从制度经济学上分析，OECD 定义的生产者责任制度实施的成本过大。

EPR 定义的准确界定和顺利实施成为 OECD 进一步工作的重点，也成为 EPR 研究中典范性和权威性的代表。2001 年《EPR：政府工作指引》的研究报告显示，OECD 对 EPR 的理论进行了再次修正和完善，其定义为：EPR 是一项环境政策，在该项政策中，生产者对产品的有形责任或经济责任将被延伸到产品生命周期的消费后阶段。此次对 EPR 定义的修正主要体现在两个方面：

（1）责任的转移，产品消费后回收处置责任由政府承担转移给产品的生产者承担；

（2）通过上述责任的转移实现对产品生产者的清洁生产和环境友好生产激励，特别体现在产品的设计阶段，设计出易于回收处置、废物处置过程中没有或二次污染小的产品设计方案。基于德国、日本等国家对包装、废旧家电的实践研究，OECD 对 EPR 理论内容再次修订，更加明确了该制度的根本宗旨就是通过废物管理责任主体的转移实现环境污染预防以及资源和能源的高效利用，这也是促进清洁生产的激励机制。

生产者责任延伸制度明确了产品生命周期各阶段中的产品环境责任，承担该责任主要通过政府强制，如制定明确的法规标准予以明确禁止等；企业自愿，如企业主动承担等；经济手段，如收取回收费、预付处置费、生态税、押金返还等手段得以实现。大多数 ODCE 国家已广泛实施了 EPR 制度，2001 年欧盟通过了《电子废弃物回收法案》，并与 2004 年发布《关于电子电器设备禁止使用某些有毒有害物质指令》（RoHS 指令）和《废弃电子电器设备指令》（WEEE

指令），这两指令针对电子电器产品的生产和回收责任进行了明确的规定。如 RoHS 指令要求自2006年7月1日起，所有投放欧盟市场的各种电子电器产品禁止使用铅、汞、镉、六价铬、聚溴二苯醚、聚溴联苯等有毒有害物质。按照规定，废旧电器的处理费用由生产企业承担，如每台彩电或冰箱将加收2%—3%的电子垃圾回收费。

目前，生产者责任延伸制度在产品循环利用方面的应用最为广泛，如产品包装的回收、电子产品的回收等。涉及产品循环利用的产品责任延伸制度，一方面需要政府通过强制性的法规和标准规范企业的生产行为，另一方面企业在产品设计伊始，就需要考虑如何利用再生材料、如何减少产品有毒有害物质的使用，如德国、瑞典、荷兰等政府均对产品的再循环率、最终处置方法有明确的规定，生产者必须满足强制性的要求。企业不仅要考虑产品的性能，而且要满足产品的环境标准要求。企业回收处置废弃产品受到回收渠道、回收信息、回收成本多方面的制约，因而要求企业主动承担回收的责任会存在很大的风险和困难。将企业的这部分现实责任转化为由企业承担回收费用，社会或行业统一回收，既降低了回收成本又有利于循环再生产业的发展。2001年德国开始实施绿点计划（Green Dot），根据包装材料的种类与数量向生产厂商收取商品包装回收费用，这部分费用会由生产者和消费者分摊，而生产商基于市场竞争优势的考虑会从设计阶段开始减少包装材料的种类和数量，实现源头减量化。德国政府将预收的包装回收资金交给第三方公司 DSD（绿点德国回收利用系统责任有限公司），该公司负责回收包装的分类、运输、再循环利用。

押金—返还制度在欧洲应用广泛，除了传统意义上的饮料瓶等低价值商品，奥地利等国家针对汽车开始实行押金—返还制度，在汽车使用的年限中按年交一定的抵押金，汽车只有到政府认可的汽车回收商处报废，才能一次性领取累计的押金，这一制度可有效促进报废汽车的正规回收。

环境管理中所采用的各种市场手段，都无法建立真正意义上的完全理想市场，因为环境作为公共物品既不可能由私人市场提供也不可能由私人市场定价，市场手段的背后必须由政府给予环境定价和建立完整的市场交易机制，才能保证市场手段的有效运作。如果政府的环境定价过低，无法体现环境自身的不可替代性和稀缺性，则市场机制导致的结果往往事与愿违。在以往很长一段时间内，我国的矿产资源、水资源、生态资源定价过低，长期处于廉价或免费使用的状态，导致滥用国家资源现象，造成浪费严重的后果。完整的市场交易机制也是市场运作的必要前提和保障。我国将环境污染收费改为环境税。这种新税种的出台如何在不同地区间确定适当的税率以及税收体系，都是保证环境污染税能够发挥效用的外部性条件。

市场手段的应用一定与环境规制的严格程度密切相关。在环境规制严格的前提下，由于企业的违法成本高昂，才会考虑用最低的经济成本实现自身的环境不经济性的内部化，大大增强了企业的守法意识。否则，在环境法规或环境标准不完善、环境监管不严格的情况下，企业会以各种方式钻监管漏洞，把本应承担的环境成本部分转化为环境损失，让所有公众共同承担。任何的环境管理手段都不是单一、独立的，需要全面而系统地分析相互之间的作用。当一个新的政策手段运用到社会经济系统中时，所产生的作用往往是多方面和复杂的。

绿色财政和绿色金融是国家扶植绿色发展的重要财经手段。环境财政手段包括财政支出、税收和定价等。财政支出是中央政府和地方政府为了减小社会福利损失、保证环境质量和资源的完整性进行的环境保护投资。环保部统计数据显示，"十二五"期间政府环保投资共计8390亿元左右，年均增长14.5%。中央各项环保资金累计支出近1800亿元，比"十一五"期间增长了约140%。中央财政加大对环保专项资金的投入，"十三五"以来，在大气污染防治方面，中央财政累计安排专项资金272亿元，为改善重点区域环境空气质量发挥了重要作用；在水污染防治方面，累计安排专项资金216亿元，支持重点流域水污染防治等；在土壤污染防治方面，专项资金为150亿元，主要用于31个省（区、市）含重金属土壤等的污染防治。2017年环保投资占GDP比重约1.3%，从国际经验看还是较低的。此外，中央和地方政府可以通过发行绿色债券、募集绿色基金等方式弥补环保治理投资的缺口。

国家通过环境税种的设立和征收（如环境污染税），以及税收支出（如税收减免）达到环境保护的效果。此外，当国家政策鼓励清洁能源、清洁生产、资源回收利用时，往往会对如增值税、企业所得税、营业税、关税等相关的税种进行减免，税收优惠已经成为政府利用税收手段体现环境保护的重要形式。

基金也是一种重要的财政手段，例如，美国政府设立专项基金，以无偿资助或低息贷款的方式资助中小企业清洁技术的研发。仅以美国中小企业成功开发的热反射玻璃、荧光灯电子化稳定器、可变容量型冷冻装置等三种产品核算，这三项技术应用在美国市场的销售收入是当初财政投入的375倍。

绿色信贷和第三方污染治理等方式都是在绿色金融中的尝试与应用。

三、自愿协商与鼓励型政策

环境行为人既包括生产者（企业）、消费者（企业和个人），又包含特定的管理者和服务者（各类组织），其数量众多而且环境影响方式也不尽相同。因此，信息不对称是经济系统的普遍现象。信息的不对称往往会导致市场手段效率的下降和公共管理成本的上升。随着环境意识的提高，人们更加愿意主动地参与环境管理，这种自愿协商型管理模式是对环境规制手段和市场手段的有效且灵活的补充。

自愿协商和鼓励型的管理手段是环境行为人之间的博弈：如果所有人都不去改善自身的环境行为，则社会的福利损失最大，所有人的收益最小；如果自己改善环境行为而别人不去改善环境行为，那么尽管社会福利获得一定收益但自身的利益受损；最佳的情境就是所有人都去共同努力改善自身的环境行为，以期获得最佳的博弈结果。实现该管理手段目标效果的前提条件是环境信息的畅通以及信息扭曲得到有效矫正。无论是企业的环境体系认证还是绿色产品认证，都是以第三方认证的方式、最大程度地减少市场信息的扭曲，企业才愿意认证。环境规制手段规范企业的外部不经济性仅仅通过企业是否达标的结果指标进行评价，企业生产过程的外部不经济性却难以完全反映。环境审计和环境会计将会最大程度还原企业生产全过程的环境影响，把外部不经济性更客观地反应给市场。

自愿协商的主体不仅是企业生产者还包括个体的消费者，消费者是消费行为的实施者，其行为方式影响着消费领域的环境影响程度。个体消费者的数量庞大，难以完全通过环境规制手段和市场手段调节其行为方式，而消费者在环境意识提高基础上的自愿型政策对消费者具有更大的激励作用。

无论是企业还是消费者的自愿行为，背后都包含着经济学的运作原则，即无论是生产者还是消费者都是经济人，其行为方式的改变背后是成本和效益的博弈结果。当生产者或消费者投入经济成本、时间成本改善自身的环境行为时，带来的最直接收益是社会福利损失减小的收益，这对生产者和消费者并不能构成直接的刺激。但如果社会福利损失的减小能够通过市场这一平台将其转化为企业的品牌效益、个人的社会价值收益，将会极大地加速环境行为人的行为改善。以美国的危险化学品为例，20世纪70年代的污染控制条例基本规定了工业废物处理的所有主要形式，但是杀虫剂和生产的有毒化合物外的各种危险化学品在变成废物之前都只字未提。也就是说，企业按照美国环境规制要求所提供的报告中并未提及他们向环境排放化学品的真实数量，所显示的数量远远小于真实的使用量。后来，《紧急计划和社区之情法案》（Emergency Planning and Community Right-To-know Act，EPCRA）颁布实施，要求工业企业公开报告几百种有毒化学物质的释放情况，作为"有毒物质释放清单"（Toxics Release Inventory，TRI），向当地政府和美国环保署（EPA）报告。EPA 于1991年建立了自愿计划鼓励企业自行实现削减17种有毒化学物质的排放量，预期到1992年这17种有毒物质的排放量减少33%，到1995年减少50%（30/50计划）。实际上，到1994年这些化学物质的排放量减少就已经超过50%，其中绝大部分源于 TRI 公开的刺激。

环境信息公开包括政府环境信息公开和企业环境信息公开，在2015年新的《环境保护法》中已经明确载入法条，要求政府和企业的环境信息强制性公开。政府的环境信息公开可以增加政府环境监管的透明度，督促更多公众、NGO 和企业监督的有效性；企业的环境信息公开可以促进企业的环境行为受公众的监督，并增加企业环境行为的成本，增加企业环境改善的收益。企业环境信息公开是企业自愿改进环境行为的必要前提条件。

自愿协商和鼓励型的环境管理不只是针对生产领域、消费领域的环境行为人——个体消费者鼓励型政策的有效性更强。在消费者环境意识增强的基础上，鼓励消费者的环境行为改变比单纯的管制手段更为有效。例如，生活垃圾的分类回收如果没有消费者的参与和自我行为的约束改变，那么这将很难实现。

第二节　环境管理的主体

一、政府、企业与公众

环境管理的对象是环境要素，所以衡量环境管理效果最直接的测度就是看环境质量是否得到有效改善。可是，环境质量往往是可能引起这些环境要素质量变化的相关行为累积、复合作用的原因，所以在管理中为保证环境质量目标的最终实现，就必须进行行为过程控制。如果在没有任何外在约束的纯粹市场经济假设下，无论生产者还是消费者都不会自觉约束自身行为，从而可能对环境质量造成损害，或者约束的程度不足以保证环境质量的有效性。这是因为生产者和消费者都不是完全环境产权人，他们的行为与环境质量后果之间没有直接且必然的因果联系，加之环境行为具有复合型、叠加性和时间累积性，也进一步弱化了行为与结果之间的关联。

为了保证环境管理的有效性，政府作为环境产权的代言人，运用环境规制的手段，明确环境质量与环境行为的关联性。所有国家的政府都要制定并不断完善环境法律法规和环境标准，从而约束环境行为人的行为底限。由于经济活动形式的不断变化，法律手段具有一定的时间滞后性，当新的环境问题出现时，需要对环境行为予以规范，但如果已有的法律法规中没有明确规定，这时往往需要运用行政手段进行直接干预。行政手段也是强制性的手段，行政手段不需要通过立法程序，所以时效快，但存在主观性强的缺点。各国行政手段都是政府法律手段的必要补充。

无论是法律手段还是行政手段都是政府作为环境管理主体协调

社会经济系统与自然系统的平衡关系时有效且必要的手段。让政府作为环境管理的主体是必要的，也就是说，在环境管理中没有政府进行管理是万万不能的，但政府的管理不是万能的。政府在宏观层面的规划与管理上充分实现社会福利的最大化，体现公平的原则。如果标准设定过低，环境违法成本过低会直接导致社会福利损失过大，注重经济效率就无法体现公平性的原则。例如，美国最高法院曾就工作场所的棉花喷粉健康标准做出判例，反映出生产效率和享有健康权之间的冲突。尽管棉花生产商认为该标准阈值设定过高，导致技术水平和生产成本过高，但法院依然判定 EPA 的标准有效，认为人的生命权和健康权无价，不能用经济效率衡量。

政府是环境管理的核心主体，没有政府的管理就不会从根本上体现平等的环境权、健康权和生存权，难以实现社会的公平。法律手段和行政手段的管理在微观层面上往往会由于经济活动的多样性和差异性而显得效率低下，这是政府管理自身的局限，是政府失灵。我国十九大报告中明确提出"构建政府为主导，企业为主体，NGO 和公众广泛参与的环境治理体系"。在保证总体的环境质量目标的情况下，允许生产者通过市场机制提高效率。

"企业为主体"明确表明了企业是环境管理的重要主体之一。企业在环境管理中扮演着多重角色。首先，企业是生产者，是主要的环境行为人，他们的生产行为会造成外部不经济性，他们是环境损害的制造者。鉴于社会公平的原则，针对所有企业政府要求按照环境法规和环境标准达到统一的最低要求，企业的角色是被管理者，是政府作为环境管理主体的管理对象之一。企业在遵守法规的过程中可能会有几种情形：

①环境法规有漏洞可能会钻法律的空子，在不违法的情况下选择最低成本的达标路径；

②如果环境违法成本低，企业可能选择违法而不是守法，环境违法比守法对企业而言成本更低，其他企业也会同样仿效，造成劣币逐良币的逆向选择模式；

③不同地区间的环境法规严格程度不同，假定在其他条件相同的情况下，企业往往会向环境法规和标准相对宽松的地区迁移，以期降低环境成本；

④最后一种情况就是环境法规和标准健全而严格，环境违法成本较高，企业会优先选择遵守环境法规和标准。2015年开始的环保督查，无论是在大气还是水的督查过程中都发现了众多问题，问题的本质就是企业守法意识的薄弱，环境违法成本过低，缺乏底线意识。

企业环境守法的前提下才能体现企业作为环境管理主体的第二个角色。伴随着环境法规的不断严格，企业守法的单位边际成本逐渐增加，意味着企业经济效率下降。企业要从提高效率的角度，考虑如何用更少的成本达到环境法规的要求，市场机制有助于企业提高效率。企业作为环境管理的主体含义，不是企业守法，而是企业如何在守法的基础上持续改善自身的环境行为，不断减少其外部不经济性。在政府给环境的合理定价以及市场机制完善的前提下，企业才能充分发挥在环境管理中的主体作用。政府在制定环境标准时需要考虑经济和技术多方面平衡，即便所有企业都能遵守环境法规和环境标准的要求，某一地区的环境质量也未必能够有效改善。从市场竞争看，产业集聚有利于学习曲线的下降、提高竞争优势，但产业集聚容易导致同类的污染排放量大增，并不利于环境管理。在我国改革开放四十年的进程中有许多这样的实例，落后的地区往往青山绿水，而经济越发展、产业越集聚，有了"金山银山"就缺少了"绿水青山"。若从高速度的发展向高质量发展转型那么，就必须发挥企业的环境管理主体功效，让企业主动、持续改善自身的环境影响，才能真正将"绿水青山"转化为"金山银山"。

企业持续改善环境行为意味着企业不仅仅局限于末端治理，实现污染物的达标排放，更为重要的是企业主动进行污染预防，实现资源效率的最大化、污染物产生的最小化，使用清洁能源，运用清洁生产过程生产清洁的产品；在企业清洁生产的基础上，带动供应链上下游的绿色化；并在产业园和更大范围内进一步提高资源使用效率，实现社会功能性变革。企业发挥主体功能，一定意味着企业需要成本的投入，包括预防成本、评价成本以及内外部损失成本等，也意味着企业的环境技术创新和组织结构的适应性变化，企业持续改进环境行为需要不断地投入人力、物力和财力。

企业环境投入的收益是外部不经济性的减少，这种收益并不会给企业带来直接的经济收益，而且这种收益是所有人共享的。如果政府不能给环境以合理的定价，企业的社会收益和经济收益不显著，对企业而言投入大于成本，企业将难以维系这种方式。通常企业的成本投入是可以明确评估的，但是在很大程度上收益取决于政府给予环境的价格。当政府给予的环境价格合理，市场机制就会发生作用，企业的环境效益可以最大限度转化为企业品牌效益和社会效益，只有效益大于成本投入时，企业才能发挥主体作用，实现生产方式的转化。

政府不仅需要给环境合理定价，让企业能够自主进行环境改善；同时还需要理顺市场的机制，让企业能够获得实实在在的收益。生态文明经济体制提出的产业生态化和生态产业化经济体制能够运转，利国利民，但是对于仅处于产业某一环节的企业能否愿意运作，向绿色化和生态化转化，一定是政府主导市场机制实现自身收益的最大化。环境定价和市场机制的有效运作是企业成为环境管理主体的外部保证，企业成为主体需要政府改变以往的环境管理模式。

公众在我国学界没有明确的定义，十九大报告将 NGO 与公众并列来参与环境社会治理，所以本书将公众界定为消费者个体的集合。在传统的环境管理中，公众往往是环境管理的被动接受者和环境损害的受害者，实际上，公众不仅是环境损害的受害者也是环境行为人，也会在其行为活动过程中对环境产生外部不经济性的影响，所以公众在现代的环境管理中被赋予了更多的含义和作用。第一，公众是环境质量的最直接和最广泛的接受者，环境质量的好坏与公众的生活密切相关，人们有追求美好生活的权利，也包括美好生活环境的权利。环境行为的多样性和环境行为人主体众多，导致政府作为环境管理的主体监督管理的成本很高，而公众作为环境行为最直接的利益干系人，应辅助政府参与环境立法、司法和环境违法等事宜。2015 年新环保法中明确规定"公民、法人和其他组织发现任何单位和个人有污染环境和破快生态环境的行为，有权向环境保护主管部门或者其他负有环境保护监督管理职责的部门举报"，也就是说，法律赋予了公众参与和监督环境保护的权利。第二，公众还是环境行为人，其行为造成的环境影响涉及消费领域的各个环节，既包括产品在使用过程的环境影响，也包括在废弃阶段的处理方式及其产生的影响。消费行为具有典型的"不规定不禁止"的特征，政府不可能对各种消费行为进行具体而细微的规定，消费领域的环境影响改善主要取决于公众的环境意识提升和自身行为模式的改进。消费领域的环境影响在过去的很长一段时间内没有得到足够的重视，政府更多关注生产领域、工业领域、污染物的排放，且整个经济系统没有系统地协调一致，不仅会导致环境风险评估不足，而且环境政策的有效性也会大打折扣。降低消费领域的环境影响，就必须让公众参与，而且是最广泛的公众参与。

环保非政府 NGO 组织在我国近些年来发展很快，主要包括几种类型：一类是政府、学会或者协会，如中国环境科学学会、中国环保产业协会、中国循环经济协会、中国生态文明研究与促进会等；一类是民间自发组织的环保民间组织，如地球之友、中华环保联合会等，此外还有国际的环保 NGO，如世界自然基金会 WWF，瑞典环境科学研究院 IVL 等。环保 NGO 在环境保护的众多领域广泛参与，推动了政府、企业和社会共同参与环境治理模式。环保 NGO 除了为政府决策提供科学依据、对公众进行环境教育等，许多环保 NGO 还在环境公益损害赔偿方面取得了长足的进步。

公众拥有环境生存权和环境健康权，由于各种经济活动的外部不经济性对其生存权和健康权造成的损害，公民有权利提起民事诉讼。但环境损害的复杂性和专业性导致环境诉讼难度很大。NGO 可以代表受损害的公众提起公益诉讼。环境公益诉讼无疑是 2015 年新《环境保护法》中最受瞩目的制度创新，《最高人民法院关于审理环境民事公益诉讼案件适用法律若干问题的解释》的发布更为制度实施提供了操作准则。2005—2014 年 10 年间全国法院受理环境民事公益诉讼案件总数为 47 件，年均受案不到 5 件，而 2015 年 1 年即受理 38 件环境民事公益诉讼案件，环境民事公益诉讼的进步是巨大的。我国目前已经提起的环境民事公益诉讼涉及水污染、大气污染、生态破坏、危险废弃物非法处置、土壤污染、人文遗迹保护以及濒危动植物保护等诸多方面。

诉讼的被告既包括自然人也包括企业。诉讼的原告主体的类型趋于多元化，2015 年之前的环境公益诉讼主要为官方主导的环保组织所提起，民间组织的参与度和受案率都很低，甚至出现同类案件只受理官方组织的情况。2015 年以后民间环保组织提起的案件数量逐渐增多，曾经拒绝的民间环保组织起诉的案件在新环保法生效后也得到了受理，如"自然之友诉泰州三家化工厂废酸倾倒案"。自然之友、绿发会两环保组织作为公益诉讼主体就常州外国语学校毒地事件，诉常州常隆公司、常宇公司和华达公司。一审判决两环保组织败诉，还需承担189万元的案件受理费。一审判决后，两环保组织不服，提起上诉，要求撤销一审判决，并由三被告消除原厂址污染物对原厂址的土壤、地下水的生态环境的影响，将原厂址恢复原状。环保NGO的代理律师认为，常州市政府对污染地块进行了治理，但是该行为属于风险管控，并没有进行土壤和地下水的修复治理，隔离、土壤覆盖等措施并没有实现污染消除，目前污染地块的土壤和地下水没有得到有效的治理，损害了公共利益。

《中华人民共和国土壤污染防治法》于2018年8月31日在第十三届全国人大常委会上通过，并即将实施，此案的二审备受瞩目。二审认定三被告实施污染环境行为，损害了公共利益，污染企业向公众赔礼道歉的诉讼请求达成。

二、适应绿色发展的各管理主体的定位与作用

我国传统的环境管理更多集中于工业领域，针对单一的污染源、污染过程或者污染物采取污染的补救和控制措施，这种管理模式往往是管制性、封闭性的模式。作为经济活动的主体仅仅是被动适应政府环境法规的要求，政府管理中执法的漏洞也会导致逆向选择，因此管理者不仅在制定和执行法律过程中的执法成本过高，而且管制效率也受到极大的制约。

李克强总理在2019年的政府工作报告中，除了持续推进污染防治工作外，还补充了"促进减量化、资源化、无害化""加强污染防治重大科技攻关"；在壮大绿色环保产业部分，补充了"调整优化能源结构""大力发展可再生能源""健全排污权交易制度"等内容。充分表明了我国高层对于绿色发展转型的决心和力度。绿色发

展是经济—社会系统的全过程污染预防和源削减，绝不仅仅满足于适应环境法规的达标底线要求，更重要的是沿着产品生命周期推进传统产业的变革，包括生产过程中清洁生产，包括实现产品的绿色化，实现资源、能源的利用效率最大化，以达到经济活动的物质投入与环境负荷的最小化。此外，伴随着传统产业部门的变革和发展，还会派生出许多与资源的循环利用相关的新兴产业，如废弃物处理、再生资源流通、再生资源加工、再利用产品的流通、环保设备制造、环保咨询服务，等等。无论是产业生态化还是生态产业化，都离不开企业经济活动主体的主动参与和自觉行为。伴随着绿色发展的变革，环境管理的运行机制也必然随之发生变化，政府、企业和社会多元主体的合作，促进了开放性管理模式逐渐形成。决策过程有更多的利益相关方参与，在遵守环境法规底线之上的环境改善行为需要更多的激励机制，让环境收益和社会福利损失的减少能够转化为经济收益。

1. 政府为主导

以政府为主导，企业为主体，NGO 和公众共同参与环境治理的构建是绿色发展的必然要求。企业和社会公众的共同参与提高了环境管理的效率，但企业和公众追求自身利益的最大化与公共管理的社会福利最大化之间存在着矛盾，政府为主导化解二者的矛盾才能真正实现全社会的环境治理。政府的主导作用应体现在以下几个重要方面。

（1）政府是环境这一公共物品的代言人，对环境质量的改善有着不可推卸的责任。因此，政府首先是规则的制定者和维护者，十八届三中全会强调"用制度保护生态环境"。

随着经济发展的不断变化，总会有许多新的环境问题不断出现，也就需要对环境行为人的行为进行约束和规范，规定哪些行为可为，哪些行为不可为，以及如何将环境行为的外部不经济性内部化，环境法治体系的建设需要不断地完善和补充修订。以污水处理的标准为例，我国的污水（再生水）主要包括几个部分，生活污水（51%）、部分工业污水（49%）以及少量截留的雨水（极少），再生水主要用于景观用水和河流补水，所以通常仅仅对常规污染物、重金属进行处理。我国北方城市的水资源极其短缺，灌溉用水量需求大，导致在我国北方大中城市的近郊区出现了污水灌溉区，如北京污水灌溉区、天津武宝宁污水灌溉区、辽宁沈抚污水灌溉区等。再生水中的难降解有机物、致病菌、病毒、寄生虫卵一旦用来灌溉，则存在食品安全和人身健康风险。《城市污水再生利用》系列标准中现有分类标准、城市杂用水标准、景观环境用水水质标准、补充水源水质标准、工业用水水质标准。而《城镇污水处理厂污染物排放标准》和《农田灌溉水质标准》中并未涉及上述的再生水中主要的污染物。以色列极度缺水，但其农业高度发达，成为欧洲的后花园，为解决水资源短缺与需求的矛盾，以色列制定了相关的城市污水再生利用的农田灌溉用水水质标准，既扩大了再生水的用途又解决了农业用水的短缺问题。以色列的经验值得我们学习。我国在经济发展过程中不断出现新的矛盾和问题，政府如果不能及时主导，就会出现法律规范的真空。

法律法规的完善还需要进一步执法严格，2015年至今的环保督查各地出现的问题充分反映了企业守法意识的薄弱。没有守法底线，企业就不可能有绿色生产，因而对企业本身如果环境违法是经济成本最低的方式，企业就不会主动将其外部不经济性内部化，更不会持续改进自身的环境行为。政府增大环境违法成本是提高企业守法底线的前提条件，企业在环境违法和守法成本之间衡量时，哪种方式的成本更低企业就会趋向选择该种方式，环境守法成本低于违法成本的企业自然选择遵守法律法规的要求，反之亦然。

（2）绿色发展是环境与经济系统之间相互关系发生的根本性变革，看待环境和经济的关系不再是单一的、局部的，而更应从整个系统的角度去理解环境与经济的辩证统一。产业生态化和生态产业化的发展需要全局和前瞻的眼光，任何一个企业都无法准确把握长期发展的目标。政府主导的产业政策，包括关键技术和基础研发，主导了企业的有序发展。

政府运用各种市场手段给环境公共物品以合理定价，激励和引导企业逐渐发挥自主能动性，改变企业生产的成本构成，增大企业环境成本，促进企业实现全过程逐渐改善环境影响、提高资源使用效率。

（3）环境信息公开是多主体参与环境管理的前提，更是有效矫正市场信息扭曲的重要工具。无论是政府环境信息公开还是企业环境信息公开都需要政府推动。

政府环境信息是指环保部门在履行环境保护职责中制作或者获取的，以一定形式记录、保存的信息。政府环境信息公开，是指公民、法人或其他组织通过一定的法定程序来申请政府行政机关公开其持有的环境信息，或者政府行政机关依据法定程序主动公开一定范围的环境信息。简单地说，政府环境信息公开是指政府作为环境信息的持有者，将其所掌握的并应予以公开的环境信息通过某种方式让社会公众知晓。政府环境信息公开是社会公众参与环境保护的前提，是社会公众环境知情权的重要保证。2015年新环保法将环境信息公开列入法条，以法律形式保障公民环境知情权、实现公民环境参与权。近些年来，政府环境信息公开已经取得了很大进展，但建立与绿色发展相适应的政府环境信息公开法律制度还有待完善。

企业环境信息公开是指企业以一定形式记录、保存的，与企业经营活动产生的环境影响和企业环境行为有关的信息。环境合规情况、资源和能源利用状况、环境管理体系以及重大环境风险事故的控制与处理等。企业环境信息公开可以让公众参与环境监督和环境保护，尽管2007年2月环境保护部专门出台，系统规定了环境信息公开制度，2015年新环保法确立环境信息公开的法律地位，但目前我国的企业环境信息公开真正落地还需要政府的大力推进。

2. 企业为主导

绿色发展包括绿色生产和绿色消费，企业是绿色生产的主体，目前我国企业以末端的污染控制为主，不仅污染强度大、污染物数量多，而且处理的成本高，还存在二次污染的风险。绿色生产就是从末端控制向全过程的污染预防的转型，绿色生产的转型必须以企业为主导。转型分为三个递进的阶段。

第一阶段——遵守环境法规

在此阶段企业往往仅为了满足环境法规的最低要求，而环境法规都集中于保护员工的身体健康和限制向大气、土壤、水体排放污染物。所以企业一般关注末端控制。

第二阶段——污染预防

污染预防就是采取内部管理、原材料替代等简便、直接的方法对现有产品和生产过程进行评估，以减少环境影响。在此阶段已经开始关注生产的全过程改进，而不是仅仅注重于末端的控制。

第三阶段——面向环境的设计 DfE

面向环境设计（Design for Environment，DfE）就是指经各种环境因素全面纳入产品或过程设计的过程。DfE 不一定会有直接的经济回报，但越来越多的消费者开始选择能够证明更加环保的产品。DfE就是将可能产生的不良环境影响降低到最低的限度，从源头上减少环境污染的产生，也为进一步提高物资资源的使用效率创造条件。

企业的三个阶段是从末端污染物控制，逐渐向生产过程，然后向产品的设计，沿着产品生命周期递进转型，从而实现对包含产品和生产过程的全部环节的预防性措施。

3. 消费者（公众）在绿色发展中的主体作用

企业绿色生产转型需要企业投入人力、物力和财力，也即需要更多的成本投入；但是绿色生产本身不一定能给企业带来直接的经济收益，鼓励企业绿色生产一方面需要政府给予环境定价，运用经济手段如环境税、排污权交易等，让企业在改进环境行为的过程中获得一定的经济利益；另一方面就是依靠市场的力量，让消费者给生产者投票。

消费决定生产，但生产者与消费者并不直接面对面，而是通过中间的若干销售和经营环节反馈给生产者。消费者并不知道企业生产过程和产品的环境信息，企业的环境行为无法在市场中得以体现；反过来生产企业无法从消费者的反馈信息中得知消费者的环境偏好，不能进一步刺激企业改善其环境行为。市场信息的准确和畅通可以准确将企业的生产过程与产品的环境友好信息传递给消费者，提升企业市场竞争力和品牌形象；反过来，消费者环境意识的提升，消费者的环境偏好被准确传递给企业，绿色消费对绿色生产形成倒逼机制，将促进企业绿色生产转化。

消费者或公众参与环境管理过程是一个长期的过程，一方面公众缺乏专业的环境知识，如何将专业复杂的环境影响转变为容易接受的简单方式传递给公众，公众才能够真正参与进来。公众是众多零散个体的集合，在实际参与中各自关注的问题或焦点并不相同。一般而言，与自身利益越密切相关的环境影响和问题，公众就越关注。例如，厦门的PX项目，PX（对二甲苯）虽不是高危高毒化学品，但具有一定毒性，长期反复直接接触或大量吸入会对人体健康造成一定危害，公众担心影响自身的健康和项目长期潜在的环境风险，所以不同意上马建设 PX 项目。这些年来，另外几起典型邻避效应的案例就是垃圾焚烧处理厂，公众担心垃圾焚烧会产生二噁英等空气污染，每每建设垃圾焚烧发电厂都会遭到众多的公众反对。

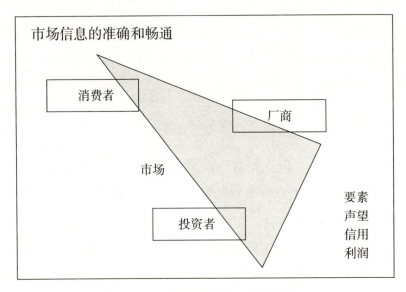

图 3-1　市场信息对各方的作用影响

　　长期以来我国环境管理以政府强制—命令型的环境规制为主，公众被动接受环境管理的结果。环境规制为保证社会公平和社会福利损失的最小化对所有环境行为人的制约和规范是极其必要和有效的，环境规制一方面保证了政府在收集污染源信息和监管中大量成本的投入，但另一方面政府在制定法规和标准时无法考虑技术的差异性和污染控制成本的差异性，导致了企业的执行成本高昂。尽管以牺牲经济学效率换取相应的社会公平的管理模式是低效率的，但确实是必要的。同时，在环境规制严格的前提下，采用市场手段可大大增强企业的守法意识，市场手段的背后必须要政府给予环境定价和建立完善的市场交易机制，从而保证市场手段的有效运作，但市场手段在提高经济效率的同时往往不利于社会的公平。此外，公众参与可以在保证相应公平的基础上，提高经济效率。但是公众参与的途径还需进一步拓宽，市场信息的扭曲和环境信息的获取难度高，降低了公众参与的有效性。

第四章 基于产品全生命周期的绿色转化与管理

我国经济多年来高速发展，创造财富的同时也对生态环境产生了各种各样的破坏，资源和能源对经济发展的制约作用日益凸显，只有改变发展的方式，向环境友好、资源节约的绿色发展模式转化，才能真正走可持续发展的道路。

绿色发展的转型必然要求环境管理逐渐适应发展的需要。在很长一段时间内，环境管理是部门管理，环保部门针对大气、水、土壤等环境要素分别进行管理。环境要素的质量标准控制是环境管理成效的最直接检验，政府作为环境管理的直接责任方和主要的管理者，对于环境质量的控制具有不可推卸的责任。目前无论学界还是政府，主要的精力依然集中于对环境要素的质量控制，打好污染防治的攻坚战。

绿色发展涉及社会生活的各个方面，大气、水、土壤等各环境要素的质量控制是对结果的控制，如果不对系统的全过程各环节进行有效控制，就很难达到理想的结果和目标。环境管理不单是某一个部门的责任，更是各个部门协调配合的结果。沿着产品的整个生命周期过程，从设计、生产到运输、使用、废弃，每一个环节都以不同的方式呈现其环境影响，均需要针对其环境影响进行有效的控制。产品整个生产周期各个环节相互影响和作用，对每个环节的管理都不能缺失，环境管理的目标和方式不同。所以，原有的部门管理模式局限凸显，每个部门都有管理职能但却无法承担完整管理职责，客观上降低了环境管理的效率。从部门管理逐渐向职能管理转化，有效克服管理部门之间的协作难题，才能真正适应绿色发展模式的转变要求。

第一节　环境影响的技术方法——产品生命周期评价（LVA）

环境问题的本质核心是自然系统与社会经济系统的物质交换，经济系统的生产系统和消费系统围绕着产品的设计、生产、物流运输、使用和废弃全过程进行，研究产品的物质流走向对于减少生产和消费的环境影响至关重要。

无论是耐用品还是快消品，任何的产品都是从摇篮（Cradle）到坟墓（Grave）的过程：经过生产领域从原料（自然资源和能源）向具有各种使用效能的产品转化；然后经过零售和物流环节，将产品从生产厂商转移到消费者手中，完成从产品到商品的经济增值过程；产品到消费者手中实现其使用效用，当产品时失去使用效用后，从消费者手中废弃，完成产品的全生命周期过程。在产品生命周期的各个环节，都会对环境产生不同的影响，产品生命周期评价（Life-cycle Assessment，LCA）是指一种对产品从设计开发、加工制造到最终的废弃分解的全过程进行全面的环境影响分析和评估，并找出改善的途径，见图4—1。

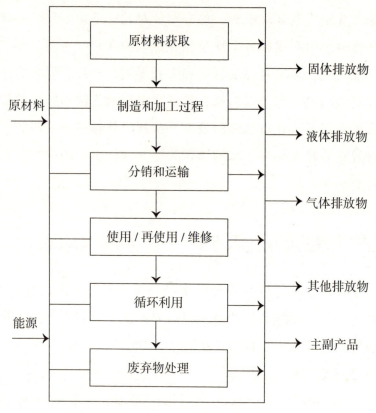

图 4-1　产品生命周期评价（LCA）示意图

在 20 世纪 70 年代石油危机的刺激下，欧美的一些研究机构就从能源角度开始了生命周期评价方法的研究工作探索，发展至今 LCA 已经成为一种非常成熟和被广泛使用的定量、半定量分析研究工具。

首先，产品生命周期评价进行了目标与范围的确定，界定范围使评估者明确哪些属于过程、哪些属于环境，范围以内的是过程，范围以外的是环境，所有过程与环境之间的物质交换都不应被忽略。目标与范围的确定对于 LCA 至关重要，目标和范围过小，许多与环境相关的数据得不到准确收集；目标和范围过大，会使清单分析及影响评估的工作量大大增加，人为增加了 LCA 的难度，降低了可操作性。其实，LCA 是一种迭代技术，往往在收集附加信息的同时对已设定的目标和范围变更，以期获得更加科学可信的结论。

其次，进行清单分析（Life-cycle Inventory Analysis，LCI），就是对目标范围内的物质和能量的输入和输出做出定性或定量的分析。

最后，利用 LCI 的结果来评定其对环境潜在影响的重要性，即影响评估，包括分类、特性化、赋值。分类就是将评价清单中的数据分为几类影响，如对人类健康的影响、对生态环境的影响和资源消耗的影响等；特征化是对所考虑的影响进行描述的过程，这一过程一般通过采用模型将评价数据转化为影响数据来实现，如将一个工厂向大气排放并且进入人体的致癌物质的量转化为由于污染而导致的新癌症病人的增加数量；赋值就是将各个环境影响加权。

LCA 已经被广泛应用于生产过程的环境影响分析，利用 LCA 可以明确在哪些环节的环境影响及其程度比较大，从而找到改善环境的关键点。例如，某公司对女性聚酯衬衫的生命周期评价发现，消费者在使用阶段能耗占总能耗的 82%，而生产和废弃阶段仅占 17% 和 1%。其中使用阶段的八成能耗源自热水洗涤和机械干燥。该公司改变衣服的原料设计，使其可以在冷水中洗涤并在空气中干燥，结果大大降低了产品的能耗。

尽管 LCA 是有效的技术手段，可以确定环境影响的关键点，进而找到环境改进的有效渠道。但是，能否真正实施不仅取决于技术的可行性，同时还受制于改进过程的经济成本、社会收益和经济收益等多方面因素。所以，当 LCA 得到许多可以改进的措施时，企业往往会从经济、环境、技术和社会责任多方面综合考虑，优先排序。例如，某汽车制造企业进行产品生命周期评价之后对生产、设计和管理提出了一些改进意见，综合考虑这些意见的技术可行性、环境敏感性、经济影响、CVA 影响以及对生产管理的影响几个方面，对其进行评定打分，分值较高的建议是各方面综合考虑的最优选择，见表4-1，因而在改进时优先改进使用部分再生金属、使用可重复使用的集装箱、对塑料部位进行标注和电池回收，既减少了产品对环境的影响，同时又使改进具有经济可行性。

表 4-1　LCA 改进优先顺序表

DfE改进建议的优先排序表						
改进建议	生命周期阶段	技术可行性	环境敏感性	经济影响	CVA影响	生产管理	总评分
生产							
使用部分再生金属	L1.1	++	++	+/-	+	+/-	15
减少原料的包装材料种类	L2.1	++	+	+/-	+/-	+/-	13
减少产品的包装材料种类	L3.1	++	+	+/-	+/-	+/-	14
使用可重复使用的集装箱	L3.2	++	+	+/-	+	+/-	15
用N2作为焊接保护气	L2.2	++	++	-	+/-	-	12
设计							
避免铬酸盐的使用	L1.2（5）	+	+	+/-	+/-	+/-	12
减少塑料的种类	L5.1	+/-	+	+/-	+	-	11
对塑料部件进行标注	L5.2	++	++	+/-	+	+/-	15
管理							
在线信息服务	L4.1	++	+				12
电池回收	L4.2	++	++	-	++	+/-	15

符号	评价	得分
++	很好/高	4
+	好/高	3
+/-	中等、一般	2
-	差/低	1
——	很差/很低	0

第二节　产品环境优化的优先顺序

产品能够被消费者所接受是由于产品具有使用功效，生产过程实现从资源到产品的形态转化，消费过程是产品的使用功效被接受并发挥作用的过程，一旦产品失去或完成使用功效，就进入产品的废弃阶段，产品的生命周期过程就是从环境到经济系统，再到环境的循环过程。无论是生产过程还是消费过程，都是围绕着产品的使用功能，而不是产品本身，产品是实现其使用功效的物质载体。所以，围绕产品全生命周期的绿色转化核心就是，如何用更少的物质实现和满足社会的各种消费功能的需要，也就是如何最终实现经济发展的脱物质化。

产品在实现其使用功效的过程中，能否减少环境影响取决于产品载体的减量化、再使用和再循环（Reduce，Reuse and Recycle）。最优的选择是减量化，产品的减量化可以从源头减少对自然资源的依赖，提高资源的使用效率，而再使用和再循环是废弃阶段的产品功能部件等再次回到经济系统发挥功能效用，见图4-2。

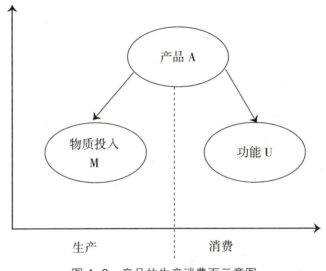

图 4-2 产品的生产消费面示意图

产品 A 是物质投入 M 经过生产过程的转化，实现功能 U，物质投入的过程是生产的过程，效用实现的过程是消费的过程。物质的减量化需要从生产面的物质投入下降和消费面的功能扩大两个层面上实现。

物质减量化不仅仅是我们通常所指在企业、地区或国家层面上的物质流输入量的下降，即 M′ <M。对于某一特定体系而言，物质流的输入量下降是衡量该层面可持续发展水平的一个重要的指标。但是在一定的时间内由于经济规模、生活水平的提高、非物质化替代的有限性、核算方法的不统一等原因，M′ 不一定呈现明显下降趋势。产品减量化更有效的评价方式应该是实现单位产品功能的物质

投入的下降，M/U 的比值的下降。该比值的下降可能有以下几种情况引起：

（1）M′/U ＜ M/U，即生产产品的物质投入量 M 减少，生产面的投入量下降；

（2）M/U′＜M/U，即产品的功能 U 增大，消费面的功能提升；

（3）M′/ U′＜M/U，即 M′＜M, U′＞U，生产面与消费面同时得以优化。

一、生产面物质投入的下降

生产面的物质投入量 M 下降有以下几种途径：

1. 提高产品的物质和能源的使用效率

为环境设计（DfE）在设计过程中考虑物质的减量化，如何在保证功能的前提下实现物质最小化，这个理念也会在一定程度上降低产品的原来成本，例如产品的轻型化、小型化、多功能化等，都会在满足产品使用功能条件下减少生产面的物质投入量 M。

尤其是产品包装的减量化在现今的形势下显得尤为重要，可口可乐公司将其欧洲投放的易拉罐饮料瓶减少5%的重量，每年仅此就节约几千吨的铝材；京东将其包装胶带的宽度减小等，都是生产面的物质投入减量化。

2. 产品的包装或零部件、模块等被循环利用

许多物质都具有多次使用的性能，将它们回收利用减少初次资源的依赖度，减少生产面的投放量，如包装材料的回收利用、铝制易拉罐的回收利用等。这些物质的回收利用不仅仅减少对初次资源的需求，也会大大减少对环境的影响，如循环再生纸不但大量减少森林资源的耗减，而且再生纸的生产对环境的污染远远小于原生纸。

随着产品功能的完善，产品的结构也日趋复杂，产品往往是由许多独立的部分或模块构成，他们的寿命周期与产品的使用时间不

是完全一致，所以当产品被废弃时其中的部分构件依然具有使用功能，对这些部件的再次利用（Reuse）或再循环使用（Recycle）均从不同的方向减少生产面的物质投入量。以大众公司为例，德国大众汽车公司在其某一型号的发动机停止批量生产的一年以后就不再向市场供应该型号的发动机，有此需求的客户只能使用再制造（即已经被使用过重新被翻新）的该型号的发动机。德国大众在回收报废汽车时，会对汽车的各部件仔细进行拆解，对于依然具有实用价值的部件在重新翻新后依然供应市场使用。

3. 替换

许多不可再生的资源减缓其耗竭速度的根本办法是实现产品替换，技术的进步也使得替换的可能成为现实。如太阳能替换化石能源，电动汽车替代传统汽车等。用铝制或合金的保险杠替代钢制的保险杠既减轻重量，也更加结实，但在替代的过程中我们不但要考虑资源替代的可能性，而且要考虑资源替代的合理性。欧盟的 RoHS 指令规定了欧盟销售的电子产品中不允许使用含铅焊料，Sony 公司研发了替代传统的铅—锡焊料的新型焊料，焊料的成分是93.4%的锡、2%的银、4%的铋、0.5%的铜和0.1%的锗。可是，铋是铅的伴生矿，使用铋就必须开采铅，而且铋的理论耗竭时间也远远小于铅，这种新材料的替代不具有实际的可操作性。

二、消费面功能效用的扩大

消费面功能效用扩大的主要途径包括：

1. 延长产品的使用寿命

延长产品的使用寿命就可以保证产品可以在更长的时间内发挥其功能效用，替换废弃产品不但需要新产品的补充，而且在新旧产品替换过程中消耗能源，延长产品的使用寿命就是最大的节约。20

世纪90年代初，国家十部委联合推进绿色照明计划，中心围绕节能灯的推广使用。受到当时我国的节能灯生产技术水平的制约，节能灯的使用寿命远远低于设定的3万小时标准，导致购买节能灯的用户是节能不省钱，节能灯的推广在当时很难实现。德国大众汽车设计的新型汽车延长汽机油的更换里程，由原来的5000公里更换延长为7500公里更换，在其高档的奔驰、奥迪系列中更是延长至10000公里，不但大大节约了机油的使用量，而且也节约了更换中的人力和时间成本。

[案例分析] 德国大众汽车的设计理念

长久的使用寿命——最好的再循环方法是尽量推后车辆的回收时间。基于这个理由，我们不断提升产品质量以延长的大众汽车车辆的寿命。 这需要很多的具体措施。最新的材料、焊接技术和防腐技术都会被采用。

延长维修间隔——与以前的型号相比，带有特定装置的大众汽车必需的维修次数减少了。使用特定的柴油引擎，维修和更换机油达2年的间隔或者最大值50000公里的行驶里程；使用汽油引擎并且使用制作的合成润滑油，可行驶里程30000公里。 节省的不只有客户时间和金钱，也有重要的资源。大量的老式机油和其他的工业废物也得到减少，降低了对环境的影响。

2.设计产品的标准化与模块化

产品由不同的单元组成，这些单元包括标准单元、通用单元和特殊单元。除特殊单元外，标准单元和通用单元均可以实现规模化生产，不仅降低了生产成本，而且在运输、储存、流通过程中可以节约大量的能源。在许多发达国家，产品的标准单元和通用单元甚至可以占到产品整体的80%—90%。随着产品的复杂化，又出现许多具有一定功能的单元，称之为模块，如计算机的内存、存储器等。

标准化的功能单元以及模块还可以进一步扩大其使用的范围，这可以大大扩大产品的功能范围，提高其功能。

3. 共享

许多产品尤其是耐用消费品的时间使用率都相对较低，例如割草机时间使用率只有1%，家用轿车10%—15%。产品是实现功能的载体，在不实现使用功能的时候，产品的物质载体也没有存在的意义；但目前还无法实现功能的非物质化，所以如果扩大消费面功能只能提高产品的时间使用率。我国这几年大力推行的共享单车就是提高自行车的使用率，从而扩大消费效用。

第三节　基于 LCA 的产品绿色化管理分析

如果我们将产品生命周期简化为生产、使用和废弃三个环节的话，不同产品在这三个环节的相对环境影响各不相同，所有的产品总体分为三大类。

一、U 型产品

在生产和废弃阶段的环境负荷相对较大的这类产品被称之为 U 型产品，如包装材料、建筑材料等，这类产品的环境影响在使用阶段较小，主要集中于生产和废弃阶段，因而 U 型产品减量化应集中于提高物质的使用效率、材料替代和循环利用上。

以现在广泛使用的塑料包装为例，首先在保证包装功能的前提下，减量是首选，例如，2011年保洁公司设计的新玉兰油泵式包装设计每年可节约60吨的塑料；新潘婷的包装材料优化每年可节约350吨塑料。

英国零售巨头 TESCO 公司委托曼彻斯特大学可持续消费研究所

对所销售的日用品碳排放进行评估，评估结果如下：

表 4-2　W 型产品的碳排放足迹 ①*

商品名称	原材料生产	制造/加工	物流/配送	零售	消费者使用	回收/处理
洗涤剂	21%	2%	2%	50%	67.50%	7%
橙汁①	28%	19%	47%	5%	1%	0%
薯片②	36%	51%	10%		0%	3%
全麦切片面包③	45%	23%	4%	2%	23%	3%
牛奶④	73%	9%	3%	10%	3%	2%

注：①巴西产，新鲜压榨，1L；②英国 Walkers 品牌；③ Kingsmill 可口全麦 800g；④英国 TESCO。

　　由于牛奶的碳排放主要集中于原材料获取阶段，即奶牛的饲养阶段，奶牛在食用不同饲料反刍过程中，排放甲烷（京都议定书限制六种温室气体之一），为减少牛奶的碳排放达能公司与 Valorex 饲料公司和法国农业研究所（INRA）合作，开发了一种富含欧米加3脂肪酸的亚麻饲料，从而改善了奶牛的消化。最初在法国20个农场所进行的实验表明，采用新的饲料使奶牛的甲烷温室气体排放减少12%—15%。2009 年 1 月，Stonyfield 公司开始在美国佛蒙特州的15 个农场开始这一项目的实验，跟踪研究奶牛在饲养阶段的温室气体——甲烷的排放。数据分析奶牛食用不同种类饲料的甲烷排放情况，调整饲料的配比减少甲烷产生，从源头实现消减。

　　材料的替代也是一种有效方式。有研究表明，与聚乙烯包装材料相比，纸包装材料的环境影响比聚乙烯要大。这两种包装材料在不同的阶段环境影响不同：纸包装材料在生产阶段的环境影响远远

---

①　数据来源：消费者、企业和气候变化，曼彻斯特大学可持续消费研究所，2009年10月。

大于聚乙烯包装材料，在其他阶段尤其是回收处置阶段的环境影响小于聚乙烯包装材料。但是，如果纸包装材料能够循环利用三次以上，环境影响要小于聚乙烯塑料包装材料。纸包装材料无论是从资源的可获得性还是从循环利用的难度上都优于聚乙烯包装材料。适度利用纸包装材料替代聚乙烯包装材料也不失为减少环境负荷的一种途径，但其前提条件是提高纸包装材料的循环利用率。

循环利用对于减少 U 型产品的环境影响极为关键，随着许多环境核心技术的进步，塑料等效使用的次数已经越来越多。欧盟一些国家食品级的 PE（polyethy lene，聚乙烯，简称 PE）瓶，在严格监控回收材料的来源（95% 以上必须是来源于食品级的 PE）、再加工利用生产程序的可靠性以及再生的 PE 颗粒产品达到欧盟的食品级原料的要求，在符合这些条件的情况下允许再生的塑料颗粒继续等效使用。

循环利用的前提是消费领域的各种塑料包装能够被回收，回到生产领域重新被利用。对消费者而言，塑料包装回收的时间成本较高，整体回收率不高。提高回收率的重要管理手段之一就是——押金抵押制度。押金抵押不同于我国现今的饮料瓶回收，饮料瓶回收是因为塑料的经济价值，但其经济价值受到石油市场价格波动影响：原油价格高，原生塑料颗粒的价格高，再生塑料颗粒具有价格优势，回收的饮料瓶价格才会较高；相反，原油价格下降后，回收饮料瓶的价格马上下降，消费者会觉得经济价值不高，很难实现较高的回收率。

押金抵押不是体现可再生塑料的经济价值，而是体现生产者责任延伸和谁污染谁付费的环境责任，在消费者购买商品时同时为包装材料预收费，如果消费者能够将废弃的包装材料回收并递交到指定的地点，就可以拿到抵押预收的钱。也就是说，押金是政府设置的固定金额，与包装材料的价值无关，不受市场价格的波动，其目的是为了激励消费者的有效回收。如果消费者不能按指定回收，押金就无法返还，押金的性质转化为包装材料的回收所支付的环境费用。

使用押金抵押经济手段可以激励消费者的环境行为改进。针对消费领域的绿色管理，很难像针对企业那样制定各种标准予以规范，一方面，消费者的人数众多、行为多样化，消费者的消费行为对环境的影响并不像生产企业那样直接而明显，监管成本和难度过大；另一方面，即使是消费行为产生环境影响，消费者个体也不具有专业的知识和设备将其外部不经济性内部化。所以，在针对消费者进行教育提高环境意识的基础上，更为重要的是运用有效的经济手段和方法改变消费者的行为模式。押金抵押就是用经济手段改变消费者的行为模式，从而解决了消费领域零散回收包装材料的难题。

二、I型产品

I型产品的环境负荷影响主要集中于产品的使用阶段，这类产品通常具有较长的使用周期，多属于耐用消费品或基本设施等，如汽车、电器、建筑物、灯具以及大型耗能设备等。

使用阶段的环境影响不是通过消费者的行为解决，只有在产品设计之初就考虑如何减少环境影响，才能保证降低环境负荷，通常会依据环境审核清单考虑（有关审核清单的内容见第二章第四节）。

对环境有益的产品，尤其是I型产品，为环境设计带来了巨大的社会福利收益。目前国际上流行的Passive被动太阳能系统的新型建筑就是环境设计的典范，该建筑所需要的辅助热能小于15千瓦时/平方米年，主要由于使用隔离性很高的墙和窗户。这种房间非常舒适，取暖所耗能源是普通房间的10%，耗电量是普通房间的25%。但通常不会给企业带来直接的经济效益，而且还可能增加产品成本，企业需要在二者之间权衡和博弈。如果消费者环境意识增强，愿意为环境支付，则这类产品的市场竞争力增强，刺激企业生产为环境设计的产品。另外，市场的环境信息准确传递、不扭曲也是促进企业为环境设计的必要前提。20世纪我国空调市场的低价竞争，导致许多空调企业为获得竞争优势而降低成本，从而大大降低了空调的能效，直接导致空调使用阶段能耗的攀升。

鉴于此，国家往往需要通过制定一些强制性的标准，保证产品使用阶段的环境影响降低。例如，1983年瑞典采纳热量控制标准，这一标准要求房间的年热量损失不得高于50—60千瓦时/平方米年（SBN80，1983）；相比之下，德国房屋的平均年热量损失多达200千瓦时/平方米年，1995年修订的德国标准规定到2000年新建筑的热损失才仅仅减少20%左右。我国陆续发布了八批产品能效标识目录，制定并实施了所涉及的电子产品强制性的最低能效标准。电子产品的能效利用设定需达到最低的要求，能效标识强制设定了电子电器产品的最大能耗，是产品使用的结构性节能提供保障。

三、W型产品

W型的产品的环境负荷在生产、使用和废弃环节的环境负荷影响均很大，如服装、食品等日用消费品。这对这类产品的环境影响需特定分析，既要从产品设计就要考虑减少环境影响，同时又要不同产品不同分析。

制定产品的环境标准可以有效进行产业的引导和产品的市场准入，对产品生命周期全程监控。产品环境标准是在产品的生产、消费及废弃过程中，产品对环境可能造成的负面影响的限度所制定的相关环境标准，它不同于产品标准中有关环境的因素。产品环境标准通过其内在的规范作用，可以实施国家的宏观经济技术政策，进而对产业进行有效的引导和规范，同时，国家应在制定产品环境标准时配套提供相应的技术支持，使企业能够尽快达到标准的要求。

第四节　绿色产品的成本分担

绿色产品相对于一般意义上的传统产品而言，在原料的利用、能源的节约和减少污染方面具有明显的优势，其带来的环境效益是全社会共同受益。企业在研发绿色产品和生产绿色产品中有许多先期的投资，这些费用被认为是企业生产绿色产品的成本，这部分为环境付出的费用会带来产品成本的上升，尤其在绿色产品生产初期，学习曲线的高昂成本往往会导致这一上升趋势更为明显。

成本的上升对价格和产出产生影响，同时会带来消费行为的改变，企业和消费者共同为这部分成本买单。此外，政府为鼓励和扶植绿色产业，通过一些环境经济政策可以将企业的私人成本部分转化为公共的社会成本，如补贴、税收减免等，降低绿色产品的私人成本。

我们假设单位绿色产品生产成本比一般产品的成本上升 t 元，原来产品的成本为 T 元，绿色产品的成本就是 T+t 元。这种成本的上升打破了原有的供需平衡关系，供给曲线由 S_0 上升至 S_1，需求曲线为 D，见图4-2。价格上升后，产品供应数量由原来的 Q_0 降低到 Q_1，产品价格由原来的 P_0 升至 P_1。

原有的供应和需求曲线的平衡使得该产品的成本为 T，价格为 P_0，产品的市场供应数量为 Q_0；当绿色产品替代原来产品后，产品的成本上升至 T+t，供应曲线由 S_0 升至 S_1，新的供应曲线与需求曲线（假定不变）形成新的平衡，产品价格上升至 P_1，数量减少到 Q_1。从图中可以看出，价格上升的幅度（P_1-P_0）小于产品成本增加值 t，也就是说绿色产品的成本并不是完全由企业承担，同时消费者也负担部分成本，消费者负担的成本应为 $t-(P_1-P_0)=(P_0+t)-P_1$，这就是消费者为使用产品而付出的环境成本。

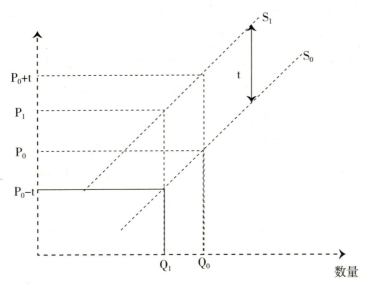

图 4-2 绿色产品的成本分担分析

消费者和企业的分担比例由两个因素确定：产品的供给弹性和消费者的生态意识。该产品的可替代产品越少，产品的供给曲线的弹性越小，供给曲线的斜率越大，由消费者负担的成本就越多。也就是说，垄断性越大的产品由企业定价的可能性越大，市场的影响力越小，企业就会将较多的成本转嫁给消费者。

另外，消费者是否愿意为环境买单的生态意识也在很大程度上决定成本的分担。瑞典第二大零售店对消费者的一项民意调查显示：85% 的消费者愿意为环境清洁支付较高的价格，而加拿大 80% 的消费者愿意多付 10% 的钱来购买对环境有益的绿色产品。生态意识的增强会增加消费者购买绿色产品的欲望和为绿色产品负担费用的可能。2016 年联合国环境署的《中国可持续消费研究报告》显示，近八成以上的消费者已经具有一定的环境意识，愿意购买对环境有益的产品，并为环境额外支付。

　　绿色产品在进入市场初期，企业的生产成本高，消费者认同度低，导致生产者和消费者共同分担意愿低于实际的成本上升，绿色产品的生产活动无法继续。国家可利用经济手段用公共财政承担部分的增加成本。例如，许多国家采取补贴的办法，对绿色产品直接实施补贴；或者采用对清洁生产的项目经济资助、低息或无息贷款等间接方式，降低企业生产成本。国家的环境经济政策除了为企业负担部分成本外，还有一个很大的作用是向公众传达国家的环境政策信息，对消费者有一种消费导向的作用。绿色补贴的政策目标是扶持绿色产品的产业发展，在产品的初期国家的补贴力度相对较大，随着技术成熟、市场认同度的提高，国家逐渐降低直至取消补贴。

第五章 基于生产过程的绿色管理

第一节 绿色生产的企业环境责任与成本负担

一、企业的环境责任

绿色发展意味着经济增长和环境质量的协调，企业的社会责任与企业的发展目标之间存在着一个基本矛盾。企业环境守法是承担环境责任的底线，管理者应该意识到我国的环境法规将会不断严格，如果依靠过去的末端控制方式治理外部不经济性，边际成本曲线不改变，就意味着环境标准越严格，单位边际治理成本就会越高。企业需要通过绿色生产的方式，降低边际治理成本曲线的斜率，用更低的成本达到环境标准的要求。用预防的方法控制污染物的产生来解决环境问题，从末端治理向清洁生产转化：污染物可能就是生产过程中未被充分利用的昂贵而有回收价值的生产原料。在大部分情况下，通过改进生产工艺、重新设计生产设备、原材料替代、改进产品的设计以及其他的创新型方法都能在很大程度上减少甚至完全消除污染，同时也可降低有价值的生产原料的成本，而且能够在很大程度上减少提供和运转污染治理设施的费用。即使污染物不能够在源头上完全去除，也应在制造工艺或其他生产过程中加以回收和利用，这样可以为企业创造经济价值，也可降低或消除潜在的赔偿责任风险。

随着社会对环境问题认识的日益重视和深入，来自政府、投资方、消费者以及银行和保险公司的各方压力也就越大。现代企业管理者必须明白积极寻求提高资源和能源生产效率的重要性，这不仅能更多向社会输出，而且还可以促进全面的技术创新。在我国，许多企业的环境观念还没有形成，最高管理者视环境成本和社会责任为威胁，这与国际工业界的发展潮流相悖，国际的工业界越来越认识到：企业的发展目标不仅包括利润、增长和生存，还包括人类和社会的责任。未来的企业赢家将是那些在提高生态效益和清洁生产方面进展最快的企业，这是因为：

（1）消费者需要无污染的产品；

（2）与先污染后治理的企业比较，银行更愿意给清洁生产的企业贷款；

（3）保险公司更愿意为无污染的企业投保；

（4）员工更愿意为对环境负责人的企业工作；

（5）企业将面临更严格的环境法规；

（6）环境经济手段（环境税、费，排污许可证、环境补贴等）对无污染和低污染企业更有利。

企业的环境责任体现在三个方面：首先，对其生产过程以及提供的产品或服务可能引起的环境污染和资源利用的效率负有责任；其次，对制造产品的原材料的选择方面负有责任，原材料应使用低毒或无毒的材料替代高毒性的，保证生产领域的生产人员的健康和安全，以及产品在使用过程中的安全性；最后，企业应对所在的社会负有责任，企业应该成为社会经济活动中的积极一员，而非仅仅追求自身的经济利益最大化，见图5-1。

图 5-1　企业管理环境责任的组成要素

　　企业必须将商业和环境与决策体系结合起来，以实现清洁生产的目标。这就要求企业用一种新的模式将经济利益、竞争优势与环境表现融合起来。传统企业的质量管理与环境管理体系通常是被分开的，通过产品将企业的环境目标融入质量管理中，现在更需要一种全新的管理体系，将企业的商业运作与环境管理目标协调起来，企业在此基础上须确定一种崭新的企业文化和组织结构重组的承诺，向企业的员工灌输关于环境问题、清洁生产、环境营销和社会责任等至关重要的观念。

二、企业的环境成本构成

　　企业的环境质量成本包括预防费用、评价费用、内部损失费用和外部损失费用四个部分。

　　（1）预防费用——企业为预防和减少污染产生所需的一切费用。

　　A. 清洁生产设备投资，工艺改装费、原料费、管理费；

　　B. 设备运转费、维护费，有关人员的资金、奖金、福利；

　　C. 清洁生产技术的研究开发，引进费用。

　　（2）评价费用——包括沿产品生命周期和生产过程进行有关环境质量的检查、评价、审核过程所产生的费用，其目的是将企业实际质量状况和环境标准与国家的政策和标准进行分析、对比，为企业高层决策提供依据。

（3）内部损失费用——在产品到达顾客手中之前，企业为弥补环境质量方面的缺陷而付出的费用，包括对废次品、材料的诊断分析，重新加工，维修等费用。

（4）外部损失费用——顾客（广义的顾客）因购买的产品环境质量不合格而遭受损失，以此要求企业给予赔偿以及政府对企业处以罚金或其他形式的惩罚，或因此造成的机会损失。

其中内外部损失费用与政府环境规制的严格程度密切相关，环境规制越严格，企业需要内部化的成本就越高。内外部损失成本随着时间不断累积，时间越长内外部损失成本就越高。

企业的末端治理方式使企业在生产过程中不考虑生产过程环节可能产生的环境影响，仅仅在各种废弃物、污染物排放到自然系统之前进行处理，达到国家法规和标准的排放要求。末端治理的预防成本和评价成本非常低，主要是内外部损失成本，所以当国家的环境规制不严格时，企业更愿意采取末端治理的方式，这种方式的环境质量成本相对最低。随着国家环境规制的越来越严格，内外部损失成本大幅增大，这时企业就会考虑改变生产方式，加大预防成本和评价成本的投入，降低内外部损失成本，当内外部损失成本增高的幅度或预期超过预防成本和评价成本时，企业逐渐会从末端治理向全过程的污染预防和清洁生产转化。

第二节　企业绿色生产的持续改进过程

一、从遵守环境法规迈向污染预防

没有政府环境管理的规范和制约，企业不会主动将其外部不经济性内部化，相反企业为追求经济利益最大化，必定会将其转化为环境损失。没有严格的环境规制，企业就不能将将环境成本内部化。环境法规的不健全，企业钻法律漏洞，是企业逐利的本质决定的。在已有的法律法规框架下如果执法不严，监管不到位，就会产生"劣币驱逐良币"的逆向选择，环境违法的企业反而获得竞争优势，其他企业就会仿效。所以，健全而严格的环境规制、加大环境违法成本是企业守法意识提升的前提。

2015年在全国范围内开展的环保督查，暴露的许多环境问题都体现企业的守法意识不强，没有环境守法底线。近一两年也出现了不同的声音，认为环境执法已经影响了经济的发展。纵观世界各国的经济发展历程，所有发达国家在经济发展到一定阶段后，都必然会提高环境标准，严格政府管理，减少企业造成的社会福利损失。

环境法规都集中于保护员工的身体健康，并限制向大气、土壤、水体排放污染物，这也是企业遵守环境法规的最低要求，所以企业一般关注末端控制。末端控制不会产生任何经济效益，越是污染水平高、生产规模小的企业，相对的环境成本越大（平均分摊到单位的产值），环境守法成本越高，这样的企业就越不愿意遵守环境法规。

严格的环境规制有几个明显的优势：首先，加大了企业的违法成本，树立企业环境守法意识，实际上创造了相对公平的市场竞争环境；其次，严格的规制会对技术落后的小企业冲击较大，提高了市场的准入门槛，有利于淘汰小企业，加速产业技术进步；最后，环境规制的严格让所有的企业都明确未来的环境成本会不断增高，促进企业从末端控制向过程控制和清洁生产的绿色生产方式转化。

当企业明确必须遵守环境法规时，企业就会思考如何用最低的经济成本让其环境成本内部化。全过程的污染预防，就是采取内部管理、原材料替代等简便、直接的方法对现有产品和生产过程进行评估，以减少环境影响，同时也提高了生产转化效率和资源的利用率，因而伴随环境效益也会产生经济效益。时间越长，污染预防投入的预防成本和评价成本产生的经济效益也会越大。

联合国环境署定义清洁生产（Cleaner Production）是指，针对生产工艺和产品的企业战略，其特点是持续性、预防性和一体化。清洁生产包括废弃物源削减和废弃物的再使用、再循环两个内容。清洁生产包括：

（1）清洁的生产过程。尽量少用或不用有毒、有害的原料；采用无毒、无害的中间产品；选用少废、无废工艺和高效设备；尽量减少生产过程中的各种危险性因素，如高温、高压、低温、低压、易燃、易爆、强振动等；采用可靠的、简单的生产操作和控制；完善生产管理。

（2）清洁的产品。在选择原材料时考虑节约原材料和能源，减少使用昂贵和稀缺的原料；产品在使用过程中以及使用后不含危害人体健康、破坏生态环境的因素；产品的包装合理；产品使用后易于回收、重复使用和再生；使用寿命和使用功能合理。

（3）清洁的能源。常规能源的清洁使用；可再生能源的利用；新能源的开发以及利用各种节能技术。

清洁的产品源于在生产设计阶段考虑环境要素，为环境而设计（Design for Environment，DfE）的概念随之产生，DfE 是在世界"绿色浪潮"中诞生的一种新的产品设计理念和方法。DfE 不一定会有直接的经济回报，但越来越多的消费者开始选择更加环保的产品。DfE 就是将可能产生的不良环境影响降低到最低的限度，从源头上减少环境污染的产生，也为进一步提高资源的使用效率创造有利条件。

二、绿色供应链的构建

社会分工的逐渐细化和专业化，任何一个企业都仅占产业链条的一个环节，与其上游的供应商和下游的顾客（广义）密切关联。当某企业绿色生产转化时，必定会直接影响到上下游，从而会促使供应链的价值构成发生改变，所以绿色生产的转化绝不是某一个企业或某一个行业就能实现的，这需要整个供应链的相互协作和改进。

绿色供应链（Green Supply Chain）最早是1996年由美国密歇根州立大学的制造研究协会提出的，又称环境意识供应链（Environmentally Conscious Supply Chain, ECSC）或环境供应链（Environmentally Supply Chain, ESC）。即在原有的供应链价值体系中，考虑环境影响以及资源的利用效率，将环境价值纳入企业的经营战略，从而保证产品从设计、原材料的获取、加工制造、包装、物流仓储、使用到最后的废弃阶段全生命周期过程中，将环境的负面影响降到最低，资源的利用效率最大化。

由于绿色供应链往往会给企业增加财务支出，可是绿色供应链的产出并不一定会带来直接的经济效益，而且还带来一定的市场风险。企业在绿色供应链构建中，不会从整个社会效益最大化的角度出发，而一定会考虑自身利益的最大化，企业都希望自己的上下游企业更多地为绿色生产付出，这样自己的企业就可以实现成本最小化。绿色供应链的构架会加速企业绿色生产转型，也会深化改进企业的绿色生产，但是往往在实际运作过程中企业间存在着利益博弈。企业既希望自己企业的绿色供应链能够为企业带来社会效益和品牌效益，同时又希望自身供应链绿色化的成本最小化。

1. 大企业为主导对其供应商的供应链绿色化进程

企业对其上游的供应商影响力远远大于对其下游的消费者，所以企业在绿色供应链的建设中常常与上游的供应商携手，进行绿色采购。大企业占有较大市场份额，与其上游的供应商合作几率更大，许多大企业意识到自身的绿色生产是不够的，除了在筛选供应商时要求供应商达到与自身绿色生产匹配的要求外，还会与供应商携手帮助供应商进行清洁技术的革新与改进。例如，宜家2016年全年的棉花消耗13万吨，占全球棉花供应量的1%左右。宜家在采购棉花时不仅要求良好种植的棉花（Better Cotton），而且投资190万欧元，帮助棉农按照良好种植方式种植棉花；同时在环保工艺上宜家与供应商共同进行技术突破，实现节水80%，降低CO_2排放40%，降低成本30%，供应链绿色化同时还增强企业产品的市场竞争力。

2. 构建企业联盟，共同推进供应链的绿色化

许多中小企业的市场影响力远不如大企业，这就需要政府主导或者自发组织的企业联盟共同推进供应链的绿色化。例如，珠三角地区产业集聚程度高，但多数是中小企业，产业的环境压力大，许多中小企业缺乏绿色生产的相应技术。对此国家加快对重点行业挥发性有机物（Volatile Organic Compounds ,VOC）的削减，提高制造业绿色化水平。佛山地区的许多家具行业面临着如何改进生产技术才能符合更为严格的家具行业的地方行业排放标准——《家具制造行业挥发性有机化合物排放标准》（DB44/814-2010）。在涂装行业VOC专业委员会佛山分会和家具行业专业委员会广州分会的协调下，会员企业委托第三方专业公司集中治理VOC，解决了点源多而分散、处理技术难度大等小企业难以克服的难题。

以我国大宗消费品棕榈油为例：棕榈油是从非洲油棕（几内亚油棕）的果实中加工得到，棕榈油是当今世界上最主要的植物油，不仅是一种价格便宜、性质稳定的食用油，同时也是多种食品和日化品中不可或缺的添加成分。棕榈油看不见、摸不着，但却被广泛

应用在食品加工、化工产品以及新兴生物燃料行业中的重要原料，中国本身不产棕榈油，但却是世界上第二大棕榈油消费国，中国主要的棕榈油进口国是马来西亚和印度尼西亚，约占进口总量的99%。其中印度尼西亚和马来西亚的棕榈油每年的总产量达约3780万吨，占世界棕榈油总产量的82%。近年来随着人口数量的增长、生活水平的提高以及生物燃料需求的增加，用于食品和非食品的棕榈油需求量和贸易量将大幅度攀升。预计2020年可能达到7700万吨左右。强劲的需求一方面刺激着棕榈油生产国农业经济的发展，并带动区域经济劳动力的就业，减少了贫困；另一方面也应看到无序生产造成大规模热带雨林被毁，以红毛猩猩、门答腊虎、苏门答腊象和苏门答腊犀牛为代表的野生动物失去赖以为生的栖息地。据印度尼西亚棕榈油研究所（IOPRI）估计，目前经营的油棕种植园有三分之二都涉及森林砍伐，自1985年以来印度尼西亚的油棕种植面积每年增加25万英亩，以每年10%的速度递增，油棕种植现已成为导致印度尼西亚森林被破坏的罪魁祸首。

棕榈油被广泛用于生产食品和日化产品，包括联合利华、雀巢、宝洁等众多跨国公司的产品中都大量使用了棕榈油。绿色和平组织的调查称，联合利华占全球棕榈油消费份额达3%，与此同时，雀巢与卡夫占0.5%，宝洁至少占1%。联合利华作为全球最大的食品饮料公司之一和全球第二大的洗涤用品、洁肤产品和护发产品生产商，其每年的棕榈油用量高达130万吨。是全球棕榈油最大的购买者之一，旗下知名品牌如多芬、家乐、和路雪的梦龙、旁氏、力士都使用棕榈油作为原料。在2005年印度尼西亚生产的每20公升棕榈油中，其中就有一公升被联合利华购买；而联合利华每年使用的棕榈油中，其中约有一半来自印度尼西亚。根据绿色和平组织在2008年4月的调查，联合利华的众多棕榈油供应商都直接涉及破坏泥炭沼泽和危及红猩猩栖息地的行为。联合利华承认，它所采购的棕榈油中有20%不知道来源；对于80%的那部分，联合利华虽然知道供应商，但仍旧不清楚具体的棕榈油种植园。

联合利华的棕榈油供应商中，大部分既拥有棕榈油种植园又是棕榈油国际贸易公司。这样的公司所供应的棕榈油不仅直接来自自营的种植园，而且还从第三方大量购进棕榈油进行贸易。这样的操作方式使得供应链变得复杂，从而掩盖了这些供应商绝大部分依靠砍伐森林和清除泥炭地以获取棕榈油的本质。联合利华在中国市场销售的包括洗涤、化妆品在内的多种商品都不同程度地使用过棕榈油，中国市场的消费份额在其全球市场中比例逐渐增大，公司日益重视中国市场。中国的棕榈油消费对于全球的棕榈油生产供应端的影响巨大，价值链上的众多企业，也包括终端的消费者若需减少棕榈油的环境影响，实现棕榈油的可持续消费就必须承担一定的环境成本。

在快消品领域，纸制品已经成为中国家庭日常消费的重要商品。但不可否认，在纸制品快速发展的市场背后，也存在着日益严重的环境威胁：天然林被替代、非法采伐、生物栖息地被侵占以及空气和水污染、固体垃圾、过度使用等诸多问题。使得让负责任的纸张走进中国消费者视野，带动负责任的方式生产与消费正逐渐成为一个热点话题。

第三方认证FSC（Forest Sustainable Certification）以推动负责任的方式管理全球的森林为宗旨，其认证在中国已开展了近16年，获得FSC认证的森林面积近250多万公顷，认证企业2800多家。许多知名国际企业和消费品牌都参与了生产和销售认证产品，如沃尔玛、宜家家居、康美包、利乐、百安居、欧迪办公、金佰利等。另外，国内行业翘楚如吉林森工、龙江森工、中国地板、安信地板、宜华木业、安信地板等都将FSC认证视为履行社会责任、实践绿色经济的指标之一。2011年中国造纸规模前十强企业中，有7家集团公司的下属企业获得了FSC认证。中国林产工业联合会副会长级单位的23家企业中，有12家的下属企业获得了FSC认证。在印刷、包装、玩具等相关产业中，越来越多的企业主动运用FSC认证，提升企业声誉，规避国际贸易中的法律风险。从而通过加工生产端有利推动了纸张的可持续生产与消费步伐。

3. 企业环境信息披露增加供应链的透明度

企业包括投资方、上游供应商、下游消费者、股东等众多利益相关方在环境信息方面并不对称，企业一旦出现环境风险等突发性事件，不仅可能会导致企业自身陷入危机，还会连累供应链上的其他企业和众多投资者。2015年新环保法明确要求企业的环境信息公开，2016年中国人民银行、中华人民共和国财政部、中华人民共和国生态环境保护部及中国证券监督管理委员会联合印发《关于构建绿色金融体系的指导意见》，明确要求企业逐步建立和完善上市公司和发债企业强制性的环境信息披露制度。2016年中国证券监督管理委员会发布的《公开发行债券的公司环境信息披露内容及格式准则（第2号）》修订版第42条明确要求，属于环保部门公布的重点排污单位的公司及其子公司强制性披露污染物排放情况，以及防止污染设施的运行情况等环境信息，鼓励重点排污企业之外的公司资源披露有利于保护生态、防止污染、履行环境责任的相关信息。企业的环境信息披露可以让其供应链上下游企业明确企业的环境风险、环境行为的改进等信息，增加绿色供应链的透明度。

现代信息技术的广泛应用也进一步增加了供应链的透明度，基于大数据的区块链（Block Chain）可以很好地解决供应链的透明性和可追溯性难题。例如，2016年的5月，英国区块链创业公司Provenance使用了P2P技术来追踪在印度尼西亚的马鲁古群岛捕获的金枪鱼的供应链全过程，从而客观上保证了供应链的绿色可持续性。

4. 构建以功能为导向的供应链上下游关系

产业链条环节众多，企业的供应链上下游以产品（或服务）链接，上游企业的产品是下游企业的原料或中间产品，每个环节通过产品的经济增值实现产业增值，也就是说，上游企业的产品卖给下游企业才能完成上游企业的经济增值过程。那么从企业利益最大化的角度看，企业希望通过卖给下游企业更多的产品以获取更多的经济回报。企业通过向消费者推销更多的产品以获得最大的经济收益，产品是以物质资源作为平台载体，供应链的价值不断扩大必定导致对自然资源和能源的依赖程度加大，即使供应链每个环节的对环境影响阻碍了企业向绿色化转化，使得供应链的整体无法真正实现绿色化和去物质化。例如，农药生产商给农民提供各种杀虫剂，卖给农民的杀虫剂越多，农药生产商获取的经济利益越大，农药生产商就会不断向农民推销各种农药；农药是保证农业生产的重要手段，但农民作为生产者并不是农产品的最终使用者，农民从自身利益最大化的角度会加大农药的使用量，所以往往对农产品使用过量而不是适量的农药，以保证农产品提高产量。过量的农药不仅残留在食品中危害食品安全，而且会残留在土壤、水体中，对生态系统的功能造成潜在的风险和危害。以产品为导向的供应链管理无法克服局部利益最大化与公共利益最大化之间的矛盾。

改变以产品为导向，面向以功能为导向的供应链上下游在很大程度上减缓了上述的矛盾。传统企业是在"产品经济"框架下运行的，以产品为媒介追求利润最大化是企业的目标。因此企业在具体的运行中总是尽可能多地生产产品来获取利润。但实际上消费者所需要的只是产品所提供的功能，而不是产品本身。功能经济鼓励消费者购买产品的服务功能而不是产品本身，鼓励企业用对社会的服务而非产品换取利润为经营目标。功能经济认为生产的目的应该是使产品的"服务功能"，而非产品的数量达到最大。增加财富，但并不扩大生产，它通过优化产品和服务的使用与功能，实现优化现有财富（产品，知识和自然）的管理，从而减少了自然资源的使用和废物的产生。功能经济的目标是最充分、最长时间地利用产品的使用价值，同时使用最少的物质资源和能量，因此这种经济是可持续的、非物质化的。例如，喷漆是汽车生产的其中一个环节，传统的供应链是油漆供应商为汽车厂商提供油漆，汽车生产厂商自行喷涂，油漆商卖给汽车生产厂的油漆越多，收益就越大。美国克莱斯勒 Belvidere Neon 总装厂改变传统的供应链模式，由单纯向克莱斯勒卖油漆改为向油漆厂提供喷漆服务，汽车厂以每辆喷漆合格的汽车为单位付款。一方面使供应商油漆厂的利益发生了变化，用最少的油漆喷涂合格的汽车，这项喷涂服务远比仅仅销售油漆复杂；另一方面，汽车厂将这一环节外包给供应商，一定意味着更高的效率、更低的单位成本和更好的油漆质量。以功能为导向的供应链上下游关系，不仅使双方的经济利益达到最大化，同时环境影响确实从激励机制的转变中获益，环境效益的取得主要归功于消除了原有以产品为导向的横亘在油漆的设计和生产，以及在汽车制造过程中的应用之间不合理的分工界限。

以功能为导向的供应链上下游在许多领域不断得以应用。例如，农业产业中引进服务，欧洲向农户推行除虫服务以替代向农民出售具有环境危害的农药产品。农民与相应的整合式农业除虫服务公司签订协议，保证农田的虫害得以有效控制；而服务公司不仅可以提供农药，更为重要的是使用遥感信息技术，可以在最佳时间用最少的农药实现杀虫效果，不仅农民和农药生产商同时受益，而且有效降低自身对环境的影响。再如，居家或办公场所的温度通常由空调设备调节，一些欧美的服务公司如美国的 RMM 能源公司、德国汉诺威的 Stadtwerke 公司出售"舒适温度"的服务，厂商和用户签订温度协议，它着眼于舒适温度的"用电需求管理"而非一般的暖气使用量。

世界上最大的地毯生产企业之一——界面地毯公司于1973年起推行了一项面向服务功能和地毯自由拼接的生态产业改造计划。公司主要为用户提供永久性的地毯"常绿租赁服务"，出租并负责安装、保养、清洗，选择性更换磨损或损坏部分，并回收破旧地毯，使其循环再生，还能根据用户的主观和客观要求自由拼接地毯。这些措施使地毯的使用寿命延长了5倍，成本降低了4倍，而经济效益却提高了10倍，废弃物排放更是减少了90%以上，企业营业额和经营规模连续翻番，同时还为社会提供了大量的就业机会，产生了巨大的社会影响。又如，美国化工巨头 Dow 化学公司最近推出了一种关于含氯溶剂的"分子租用"（Rent a Molecule）的新概念。Dow 化学公司的用户不再购买分子本身，而是购买它的功能，他们在使用完之后把溶剂还给 Dow，由 Dow 将其再生处理。

【案例分析】

施乐公司（Xerox）是大家熟悉的复印机巨头之一，现在已经不再生产"新的"复印机，而是改为实施一种"再造"战略（Remanufacturing），其主要内容是以服务（高质量的复印），而不是以生产新的复印机，来优化公司的销售。

施乐用户的复印机可定期得到技术人员的保养与维护。这些技术人员都具备各方面的才能，能当场解决一些基本的维修问题（如清洗等）。如遇需要的话，有毛病的部件将交给最近的一个维修点进行维修，修复后装回一台复印机里去，但不一定是卸下它来的那台复印机。

施乐公司承认其在美国市场上1992年节省了5000万美元的原材料购置、后勤服务和库存等费用，1993年节省经费额达到1亿美元。

第三节 产业集聚与生态产业园

产业集聚是指在一个适当大的区域范围内，生产某种产品的若干个不同类企业，以及为这些企业配套的上下游企业、相关服务业，高度聚集在一起，产业资本要素在空间范围内不断汇聚的一个过程。产业集聚可以降低企业学习成本、提升企业的竞争力，从而极大提高经济的效率。

产业集聚从经济效率的角度看有积极作用，从另一角度看，众多具有相同的资源利用特点和污染效应的企业在某一个地区的集聚，必定加剧该地区的环境和生态的压力。另外，随着经济水平的不断提高，环境规制必定不断严格，排污标准的水平提高会导致企业边际治理成本的不断上升，环境规制的要求在很大程度上弱化了产业集聚的竞争优势。

无论是以一个企业的投入为另一个企业的产出的纵向经济联系、还是围绕着地区主导产业与部门形成的产业集群体之间关系的横向经济联系的产业集聚，究其本质都是以企业的核心竞争产品作为产业集聚的纽带。从物质平衡的角度看待，就是产业集聚将相关的生产过程聚集在一个相对集中的区域，它们之间的产品或者是上下游，或者是相关的配套产品，都是企业实现经济增值的手段或工具。在原材料转化为产品的过程中，除了能够具有效用、实现经济增值的产品外，还有各种没有实现有效转化的副产品、废弃物和污染物，在线性经济的模式下这些物质没有经济价值，直接回到自然系统，但是它们对自然系统具有污染效应，所以必须达标才能够排放到自然系统中。即使所有的企业都能在达标的基础上排放，一方面会造成达标的成本会越来越高；另一方面在一个相对集中的区域，大量的同类型或相关企业的集聚，产生的某些特定的污染物和废弃物的总量会给该地区的环境容量造成巨大压力。

适应产业集聚，构建生态产业园区是解决区域经济发展和环境容量有限性的有效方式。生态产业园通过模拟自然生态系统建立产业系统"生产者——消费者——分解者"的循环途径，实现物质闭路循环和能量多级利用。通过分析产业园区内的物流和能流，可以模拟自然生态系统建立产业生态系统的"食物链"和"食物网"，形成互利共生网络，实现物流的"闭路再循环"，达到对物质能量的最大利用。在这样的体系中，不存在"废物"，因为一个企业的"废物"同时也是另一个企业的原料，彼此互利共生可以实现整个体系向系统外的零排放。有关产业生态园的具体分类见第二章第一节。

生态产业园区是依据循环经济理论和产业生态园原理设计的一种新型工业组织形式，其目标是尽量减少废弃物，将园内一个企业产生的废弃物或副产品用作另一个工厂的投入或原材料，通过废物交换、循环利用、清洁生产等手段，最终实现园内的"零排放"。产业生态园区并不是改变原有的产业集聚，而是在原有的产业基础上，考虑副产品、废弃物和污染物的利用，并通过这些物质的交换将两个或两个以上的生产体系或环节之间的系统耦合，使物质能量多级利用、高效产出，资源环境能够得到系统开发和持续利用。它改变了原来的线性物质利用方式，将所有的转化物质都看作具有价值的潜力资源，从而实现了高效的经济过程及和谐的生态功能的网络型、进化型产业进化。

生态产业的设计原则主要集中在以下几点：

（1）横向耦合。不同工艺流程间的横向连接，实现资源共享，变污染负效益为资源正效益。

（2）纵向闭合。生产、消费、流通、回收，环境保护及能源建设为一体，第一、二、三产业在企业内部形成完备的功能组合。

（3）区域耦合。厂内生产区与厂外相关的自然环境及人工环境构成产业生态系统或符合生态体，逐步实现废弃物在系统内的全回收和向系统外的零排放。

（4）柔性原则。灵活多变，面向功能的结构与体制可随时根据资源、市场和外部环境的随机波动自动调整产品及产业结构。

（5）功能导向。以企业对社会的服务功能而不是以产品的产量或产值为经营目标，谋求工艺流程和产品的多样化。

（6）软硬结合。配套的软硬件和人才开发研究系统、决策咨询体系、管理服务体系及人才培训体系，配合默契的决策管理、工程技术、营销开发人员及灵敏畅通的信息系统。

（7）增加就业。合理安排和充分利用劳动力资源，特别是增加研究、开发及产后服务业的就业人员，增加而不是减少就业机会。

8，人类生态。工人一专多能，是产业过程自学的设计者和调控者，而不是机器的奴隶。

【案例分析】

卡伦堡共生体系

卡伦堡是一个仅有2万居民的工业小城市，位于北海之滨，距哥本哈根以西100公里左右。卡伦堡的好时运主要归功于它的峡湾，它在北半球这个纬度上是冬季少数不冻港之一。准确地说，常年通航正是卡伦堡20世纪50年代以来工业发展的缘由。开始这里建造了一座火力发电厂和一座炼油厂。

随着年代的推移，卡伦堡的主要企业开始相互间交换"废料"：蒸汽、（不同温度和不同纯净度的）水，以及各种副产品。80年代以来，当地发展部门意识到这种联系，并逐渐自发地创造了一种体系，他们将其称之为"工业共生体系"，见图5-2。

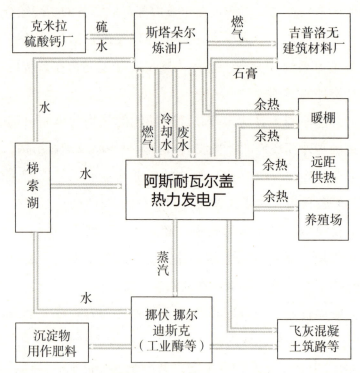

图 5-2　卡伦堡工业共生体系企业间主要废料交换流程示意图

（资料来源：卡伦堡共生研究协会）

卡伦堡共生体系中主要有5家企业，相互间的距离不超过数百米，由专门的管道体系连接在一起，卡伦堡生态园区的废弃物和污染物实现再次利用，而且取得了显著的经济效益和环境效益主要体现在以下几点：

（1）减少资源消耗：每年45 000吨石油，15 000吨煤炭；特别是600 000立方米的水，这些都是该地区相对稀少的资源。

（2）减少造成温室效应的气体排放和污染：每年175 000吨二氧化碳和10 200吨二氧化硫。

（3）废料重新利用：每年130 000吨炉灰（用于筑路），4500吨硫（用于生产硫酸），90 000吨石膏，1440吨氮和600吨的磷。

事实上，源于这些交换的经济利益同样十分巨大。据可以公开得到的资料显示，卡伦堡共生体系中的5家企业在20年期间总的投资（计16个废料交换工程）额估计为6000万美元，而由此产生的效益估计为每年1000万美元，投资平均折旧时间短于5年。

产业生态园与产业集聚并不矛盾，产业集聚是以主产品和经济增值过程链接而形成企业间成本最小化、利益最大化的有机产业整体。在此基础上，模拟生态系统的运作原理，改变线性的链接，增加以废弃物交换为基础的网状链接，不仅优化了资源和能源，而且进一步优化了资本。

生态产业园区在经济效益、生态效益和社会效益的驱动下，打破企业、行业间的界限，利用园区内外不同企业、产业、项目或工艺流程之间的横向耦合关系，为主、副产品和废弃物找到了生产流程的下游利用者。同时，在园区内实现了物质与能量的循环利用，最大限度地缓解了产业集聚的经济效率与环境容量压力激增之间的矛盾，是一定区域内减少污染的可行之路。

在卡伦堡生态园区运作过程中，丹麦最大的炼油厂斯塔朵尔炼油厂（Statoil）产生的二氧化硫为卡米拉硫酸钙厂提供了生产硫酸钙的原料，由于炼油厂的原油产地变化，导致下游硫酸钙厂的工艺不得不做出调整，购买固定废料的硫酸钙厂的工艺流程很难承受炼油厂为其提供的原料在性质上或构成方面的变化。可见，工业生态链上刚性的供给，柔性变化的缺乏，导致一旦上下游企业变化则会影响整个生态链的稳定性。相较于其他工业园区，以交换的废弃物为生产原料的下游企业，不仅需要依据上游企业的生产规模的变化而变化，而且更加需要建立灵活多样、多种功能的生产经营平台，根据资源、市场和外部环境的变化调整产业结构、产品结构，实现产品的升级换代，对上下游企业都提出了更高的要求。

　　实现物质循环和废弃物有效利用基于技术的可获得性，在很长一段时间内环境技术的研发侧重于末端控制，而不是对污染物和废弃物的资源化利用，现实的许多技术存在一定难度。例如，镇江香醋的醋糟是粮食原料生产食醋的下脚料，仅江苏镇江恒顺酱醋有限公司每年生产排放的醋糟达260万吨左右。醋糟酸性大、腐烂慢，原来的卫生填埋方式既污染环境，也没有充分利用醋糟中的有效成分。如果中和醋糟的PH酸值，经过微生物发酵，不仅可以栽培双孢菇，而且极大地降低了生产成本，提高了经济效益，产量与品质又明显优于稻草栽培。此外，调节醋糟的PH值至合适范围，再加入氮源、矿物质等营养元素，然后接入相应的微生物菌种，经发酵后即可形成理化性质均适于植物生长的栽培基质，如用醋糟发酵后无土种植的草莓在市场大受欢迎。关键技术的研发和应用是生态产业园实现废弃物交换的必要条件。

　　生态园区下游企业的生产原料具有可替代性，也就是说，企业会在回收与循环利用副产品及废弃物发生的费用与购买新原料和简单处置废弃物发生的费用之间权衡，即使废弃物的再利用和循环技术可行，企业也不会采纳，除非经济上是有利可图。

　　在改变生产方式的情况下，或者只是一个企业很简单地要终止它的业务，那么就可能造成某种废料不足，而整个交换系统会受到严重干扰。生态园区上游企业不能实现产品有效转化的物质总量仅占原材料质量很小的一部分（否则企业的生产转化就不具有经济效率和经济价值），同时能够作为下游企业工业规模化生产的原料，因此必然要求上游企业有很大规模，这样就很难将中小企业整合进共生系统，主要是因为它们的生产量和对副产品的吸收量都相当小。

第六章　基于消费过程的绿色化管理

生产为了消费，但消费者与生产者并不直接关联，第三产业服务业将生产领域和消费领域紧密连接在一起。传统的环境法规和管理体系有一个隐含的基本假定，即环境影响和压力主要来自生产领域，而不是整个经济系统。工业生产的环境影响强度最大，因而政府会制定相应的法规标准制约工业的环境影响，要求生产企业的外部不经济性内部化。但是，包括为消费者提供服务的整个消费领域的环境影响也不能被忽视。

消费领域的消费者数量众多，消费行为呈现多样化态势，消费者既不具备专业的环境知识，也没有技术和设备能够将自身的环境影响水平有效降低。消费领域的环境影响从个体的强度上而言都很小，而且许多环境影响都是耗散性的非点源污染，例如汽车行驶中的轮胎磨损、使用油漆的溶剂挥发、空调制冷剂的损耗等。消费领域的环境影响从整体的强度看点多面广，对整体环境影响非常大。消费领域与生产企业的性质不同，降低消费领域的环境影响侧重点和政策的着眼点也不同。

第一节 产品使用过程的环境影响管理

消费就是实现有形的产品或无形的服务使用功效的过程。无论是产品还是服务，在实现使用效用的过程中以及失去效用后废弃阶段均会产生不同的环境影响。所有的经济活动都会受到经济、技术、环境乃至社会的综合影响，许多现有的法律法规可能会潜在地影响到消费领域的活动过程，反过来，降低消费领域的环境影响也需要管理体制的适应与调整。

一、绿色产品与产品认证

产品如果按照消费阶段的特点可以分为两大类：快消品和耐用消费品。发挥消费功效的时间较短、消费速度很快的这一大类产品称之为快消品（Fast Moving Consumer Goods,FMCG）。快消品又分为个人护理品，如口腔护理品、护发品、个人清洁品、化妆品、纸巾、鞋护理品和剃须用品等；家庭护理品，如洗衣皂和以合成清洁剂为主的织物清洁品。以盘碟器皿清洁剂、地板清洁剂、洁厕剂、空气清新剂、杀虫剂、驱蚊器和磨光剂为主的家庭清洁剂。品牌包装食品饮料，如健康饮料、软饮料、烘烤品、巧克力、冰激凌、咖啡、肉菜水果加工品、乳品、瓶装水以及品牌米面糖等。以及烟酒等四大类产品。快消品的产品周转周期短，产品的需求量大，这类产品在消费领域的环境影响主要集中在三点：第一，过度使用或是使用不当造成的浪费行为。由于快消品的价值一般不高，所以消费者做购买决定时往往简单、迅速、冲动、感性，需求与购买的不匹配往往会造成浪费现象，尤其在食品的购买行为中表现明显。第二，某些产品的特性决定了在使用过程中会造成耗散性污染。如清洁剂、杀虫剂等本身就是具有一定毒性的挥发性物质，在使用过程中无法控制其向环境的散发。第三，是快消品的包装。伴随快消品的消耗量大、消耗速度快必定会产生大量的包装废弃物。

另一类产品是耐用消费品（Durable Consumer Goods），指使用寿命较长，一般可多次使用的消费品，如家电、家具、房屋、汽车等。耐用消费品发挥效用的时间长，一般价值较高，其环境影响主要发生于使用过程中。例如，家电使用过程中的能耗、空调使用过程中制冷剂泄露、汽车驾驶中的尾气排放等。产品使用过程中的环境影响（除浪费行为外）都不是消费者能够决定的，尽管消费行为在一定程度上可以减少环境影响，但真正起决定作用的是在生产领域。产品设计、材料的使用以及产品寿命等关键要素都是在生产领域实现的。例如，房屋使用阶段的能耗水平受制于房屋建筑之初的设计与建筑材料的选择；家用电器能耗并不受消费者的控制；使用LED灯比CFL节能灯更省电是由于灯的发光原理决定等。针对耐用消费品，除了产品设计阶段就要考虑使用和废弃阶段的环境影响外，还需要考虑适当地延长产品的使用时间，减少产品的替换频率。

产品如果在生命周期的使用或者废弃阶段，与同类产品相比对人体的健康损害和生态环境的破坏更小，这类产品就属于绿色产品。绿色产品与普通产品具有可互换性，也就是说消费者购买某一类绿色产品的同时就不会去购买同类的普通产品，因为在某一时间点上消费的需求是确定的。正是由于绿色产品和普通产品具有相互替代性，如果消费者更多去购买绿色产品的话就可以大大减少消费领域的环境影响。

绿色产品在生产阶段不仅需要生产企业为环境而设计，同时生产工艺的改变、组织结构的调整及伴随可能出现的市场风险都会提高企业的生产成本。如果消费者能够接受，愿意为环境买单，会增强企业的市场竞争力，进一步刺激企业绿色产品的生产，反之亦然。绿色生产消费的相互促动很大程度上基于市场信息的准确传递：消费者知道所购买的绿色产品在哪些方面对环境有益，生产者需要准确获取消费者的环境偏好，生产消费者所喜爱的绿色产品。

市场分工不断细化，连接生产企业和消费者之间的环节众多，企业的环境信息在市场环节传递时可能会产生扭曲，因为生产者、经营者和消费者的利益不一致：生产者如果生产绿色产品希望得到市场回报，能够比一般的普通产品获取更大的利益；服务商连接生产者和消费者，他们更愿意提供利润空间大的产品，可是绿色产品与一般产品比较并没有优势，甚至在产品生产规模小、清洁技术初期与一般产品相比可能还有劣势，经营者没有经营绿色产品的积极性；消费者的环境意识以及额外支付意愿也会通过市场反馈，消费者通常没有专业的知识，无从知道哪些产品或生产过程对环境有益，其选择缺乏明确性。

绿色产品认证，见图6-1，属于第三方认证，认证方与生产者、消费者以及中间服务商没有利益关联，客观公正地评判产品对环境的影响，准确传递给消费者、生产者和服务商。消费者即使没有专业的环境知识，也可以利用认证标识选择绿色产品，生产者利用认证产品销售反馈也可以更好地把握消费者的环境偏好。

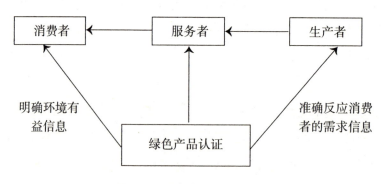

图6-1　绿色产品认证的作用

绿色产品指生产过程及其本身节能、节水、低污染、低毒、可再生、可回收的一类产品，其环境影响相较于同类产品具有明显优势。目前，经国家认证认可监督管理委员会授权的绿色产品认证已经有"中国环境标志产品"（涵盖除食品、药品类之外的各种产品）、"有机食品""绿色食品"以及节能产品、节水产品的认证。环保产品认证是中国质量认证中心开展的自愿性产品认证业务之一，以加施"中国环保产品认证"标志的方式表明产品符合相关环保认证的要求，认证范围涉及污染防治设备和家具、建材、轻工等环境有利产品。环保产品认证旨在通过开展环保认证，推广环境有利产品的生产和使用，推动居住环境及自然环境的改善。

许多国家都进行绿色产品认证，认证的产品仅占产品总量很小的一部分，目前我国的绿色产品约占总产品5%以下，扩大第三方认证有利于绿色产品的市场推广。除了国家主导的绿色产品认证外，还有一些非政府组织NGO主导的第三方产品认证，例如，FSC证明产品或包装使用的原材料——木材源自对森林不造成破坏的方式采伐；MSC（Marine Sustainable Certification）证明海洋捕捞的方式不会对海洋生态产生破坏。Organic Cotton证明棉花原料种植方式是有机的，不会向种植土壤和水体排放农药和化肥；Carbon Trust说明不同的产品使用方式会产生多少碳排放，等等。这些第三方NGO主导的绿色产品认证有效沟通了生产者和消费者之间的环境信息。

同时，生产厂商的第二方认证（自我声明）向下游的消费者（广义消费者）传递自己生产产品的环境信息，在绿色供应链的建设过程中起到积极的作用。生产商通常也会在产品的相应位置标注自身的环境影响，例如可口可乐包装上的可循环利用标识、洗涤剂上无磷洗涤剂就是典型的第二方自我声明。第二方自我声明虽然没有第三方的权威性，但是能够提醒消费者的行为方式，起到教育消费者的作用。

二、绿色产品的溢价与消费者的支付意愿

绿色产品进入消费领域后，在其使用或废弃阶段的环境影响远远小于一般产品，但是产品的使用性能并没有本质的区别。绿色产品的诸多环境有益性，如节能、低碳、无铅等是在生产领域实现的，生产企业为绿色产品付出额外成本，最后部分成本转化为绿色产品的溢价。绿色产品的溢价是绿色产品高于一般同类产品的价格水平、需要消费者自愿承担的环境成本。

消费者购买绿色产品是一种自愿行为，额外支付的溢价是为降低自身消费过程中的环境影响而支付的预防性成本。消费者愿意支付的必要前提是消费者的生态消费意识，即消费者开始逐渐意识到消费并非个人的行为，并愿意主动采取对环境友好的消费行为。生态消费意识的水平越高，愿意为绿色产品支付的可能性就越大，消费者购买绿色产品额外付出的经济成本就是为消费付出的环境代价（当然，环境代价是与整个社会的经济发展水平直接相关，并由社会、企业及消费者共同负担）。消费者的生态消费意识与经济发展水平直接相关，当经济水平发展到一定程度后消费者整体的生态消费意识会显著提高。就个体层面而言，购买绿色产品首先是从个体经济水平较高的中产阶级开始，除了经济收入之外，还与消费者自身的受教育程度、文化水平、性别、年龄等具有显著的相关性。

尽管绿色产品提供的环境有益特性是公共属性（Social Attribute），并不能为购买者带来直接的收益，但是许多绿色产品还会额外给消费者带来一些私人的属性收益（Private Attribute）。例如，可以使用节能电器节约能源，提高能源使用效率、减少碳排放，也会由于节能给消费者节约电费；MSC 认证的海洋鱼类产品有益海

洋生态和可持续发展，同时也让这类产品能够全程可追溯，消费者可获得食品安全的收益；水溶性油漆减少了溶剂 VOC 的排放，也额外增加了消费者自身健康安全属性。但是，并不是所有的绿色产品都能带来私人属性，为消费者带来额外的收益。例如，无磷和有磷洗衣粉在洗衣性能上没有差异性，甚至在技术不够成熟阶段无磷洗衣粉的洁净度还不如有磷洗衣粉；无氟冰箱有益于减缓臭氧层的破坏和全球变暖进程，与消费者的私人属性没有任何的相关性。《中国可持续消费报告》调查显示，消费者选择绿色产品的动因前四位分别是：食品安全和健康（59.91%）、有利于环境保护（49.84%）、产品质量可靠（49.47%）和节约使用成本（33.14%）。尽管近半数的消费者认为购买可持续产品有利于保护环境，但其他的几个主要原因均与绿色产品可能会带来的私人属性相关。

消费者是否愿意购买绿色产品是衡量绿色消费水平的一个极其重要的标志。消费者购买行为除了与自身有关外，外界影响因素众多。首先，如果能够提供私人属性的绿色产品，消费者更愿意购买，消费者为环境买单的同时获得个人的收益。其次，绿色产品的实际溢价水平在很大程度上决定着购买行为的可能性。绿色产品的实际溢价水平受绿色环境技术、生产规模、市场的接受程度等诸多要素影响，如果实际溢价水平高于消费者额外支付意愿，那么绿色产品的实际购买几率会下降，反之则上升。最后，服务商提供绿色产品的销售渠道，也决定着消费者购买绿色产品的时间成本，尤其是对快消品。消费者对快消品购买频次高、随意性大、品牌忠诚度不高，如果时间成本过高，消费者很可能选择替代的产品；而耐用消费品的经济价值高、使用时间长，消费者选择时会慎重考虑，尤其会考虑额外付出的成本对环境有益的信息。

三、销售商（服务商）对消费者的教育引导

产品在生产领域实现从原材料向产品的转化后，必须经过流通领域才能到达消费者手中，传统的流通渠道是经过一级一级的批发商到零售商，消费者在实体门店中购买商品。近些年网上电商的兴起，缩短了流通渠道，也拓宽了消费者获取信息的途径。

零售商连接着生产和消费两大领域，是将产品从生产领域转移到消费领域的窗口行业，直接面对下游的消费者，引领绿色消费既是企业应该承担的社会责任，同时也是树立企业的绿色品牌形象的最有效手段之一。商务部、中国人民大学环境学院及中国连锁经营协会，2014—2018年在中国典型城市进行的绿色消费调查结果显示，消费者不选购绿色产品的原因有：49.57%的消费者认为绿色产品可信度不高，36.22%认为价格偏高，34.43%不会有意识地选购，28.37%不知道什么是绿色产品，21.27%认为质量不如普通产品。零售商通过加强绿色产品的宣传教育，一方面提升了无意识选购绿色产品的消费者对绿色产品的认识，另一方面更多消费者容易辨识绿色产品以及绿色产品的环境有益信息，增强了消费者的购买欲望。另一项调查结果佐证了这一点：多数消费者希望在绿色消费过程中，商家能够给予各种形式的帮助：63.35%的受访消费者希望商家能提供环保产品对环境有真正贡献的信息介绍，44.56%希望更多了解如何识别产品的环保标识，40.44%希望商家能提供环保产品的性价比分析。其中，消费者最希望通过与商家面对面的交流，为消费者提供绿色产品真正对环境有益的信息，增强消费者选择绿色产品的积极性。

网上电商为消费者提供环境信息比传统门店具有更大的优势，但众多信息中，让消费者相信其真实性是电商需要把握的，目前我

国的电商模式还缺乏有效的监管和筛查制度，多数是销售商的自我宣传和声明，消费者获取环境信息的准确性无法真正把握。

四、"服务+产品"的效用性

耐用消费品在消费中占有非常大的比重，其具有可以反复使用及发挥效用时间长的特性，因而如何进一步提高使用效用意味着提高资源的使用效率。提高耐用消费品的效用，即在一定的时间段内用最少的物质投入转化满足社会经济系统内对该产品的效用需求。例如，洗衣机的效用是满足洁净衣物的需要，由于在一定地域范围内需求人数基本确定，洗衣的频次也基本固定，那么在一定时间、一定范围内洁净衣物的总需求就是该地区的洗衣机总效用。

在保证效用的前提下，减少物质的投入转化、提高资源使用效率的路径主要有两条。第一条途径是减少单位效用的物质资源使用量，也就是通过轻型化、多功能化、可循环、再使用降低单位效用的资源强度。技术的进步可以不断提升资源使用效率，例如光纤材料替代传统的铜材质进行通讯信息的传递，不仅大大减轻了铜作为不可再生资源的衰减速度，而且单位质量光纤的传导效率远远高于铜：25千克光纤的传输功效足以与1吨的铜质线材相当，更妙的是，生产光纤与生产铜质线材相比，只需5%的能量。包括电视、电脑、手机等常用的电子电器产品不断走向小型化、轻质化和多功能化，可以用更少的物质资源满足产品性能的需求。此外，产品结构逐渐趋于复杂化，但各功能单元的使用寿命与产品的寿命不一定同步，因而，可拆卸、可循环利用的部分减少了物质依赖。以大众汽车为例，1993年12月大众公司首次制定了一个材料标签的规定，在1997年5月，这个规定被全德国汽车厂商公认的标准规定（VDA260）所取代，从此，世界范围内的大众公司塑料零件都被打上标签，并且唯一的要求是标签要清晰可读。在2003年，欧洲委员会决定塑料制品需要按照ISO的标准（Commission decision 2003/138/EC from 27 February 2003）打上标签，因此所有的零件需要按照大众公司制定的ISO标准贴上标签。根据ISO制定的标签和以前根据VDA260制定的标签有着相同的适用范围。大众汽车的塑料标签制度就是为了让多种塑料能够更容易分类，便于以后的再循环和再利用。同时，大众汽车对于自己公司已经停产的车型，允许从其他汽车查下来后翻新在此使用，报废汽车保留下来的车身框架被紧密排列并送到粉碎公司去，在那里，车身被切割成几厘米的小块以使留下来的金属材料可以被回收再利用，到2015年汽车车身的回收利用率将达到95%。

另外一条途径是减少满足总效用的产品数量，提高单位产品的效用。传统的提高单位产品效用最有效的手段就是适当延长产品的使用寿命。例如，世界许多知名汽车生产厂商都尽量推后车辆的回收时间，延长车辆的使用寿命，这需要采取很多具体的措施，最新的材料、焊接技术和防腐技术都会被采用。延长产品的使用寿命一方面会减少耐用消费品的替换频率，另一方面也存在着经济上的不合理性。因为新技术在已有的产品使用过程中不能被应用，可能会导致使用过程中产生更大的环境影响，如老旧房屋、家用电器的能耗水平较高，但是许多新的节能技术并不能得以应用。另外，消费领域的产品使用寿命的延长意味着生产领域新产品替换的速度降低，影响生产厂商的经济效益，许多生产厂商并不愿意技术研发投入到这一方面。产品更新速度的提升可以刺激GDP的增长，但同时也会对环境产生更大的压力，所以有些产品标准中会规定产品最低的使用时间，如LED的使用时间不能低于10000小时，CFL紧凑型节能灯的使用时间不能低于5000小时等。

即使产品的使用寿命适当延长，但是随着消费者需求的不断增加，产品的总量还有增长趋势。伴随功能经济的不断深化，服务＋产品替代产品的理念在很大程度上可以减少这一矛盾。

传统的服务业属于第三产业，独立于农业第一产业和工业第二产业，也就是人为地将服务业与第一和第二产业割裂。伴随信息技术的不断进步，服务业与一、二产业结合的密切程度不断提升，将服务业与一、二产业结合减少产品（实体）的数量，也就是利用服务提高单位产品的效用，减少社会对总产品数量的需求，用服务替代部分产品，实现用更少的产品满足社会的效用需求，即"服务＋产品"。"服务＋产品"的形式多种多样。

（1）生产企业的生产延伸

如日本 JR 车铁数年前推出火车与租车套票的"Torenta Kun"计划，即旅行者购买一张目的地的火车票，同时到达目的地后又租用小车，那么火车票可以享受八折优惠。JR 车铁5年内已租出50万部小车，目前日本有更多的公司推出类似业务。对公司而言，扩展租车业务，对国家而言多数人乘坐火车可以大大减少 CO_2 的排放。

（2）企业或第三方独立的服务

例如，欧洲的综合病虫害管理（IPM）配套技术，农药生产商向农民提供综合病虫害防治系统，包括施药、提供轮种和作物选择的指导，鼓励改变耕作方式，采用病虫害生物控制以及利用遥感器和卫星系统对耕地状况进行实时监测，在保证除虫效果前提下可以大大减少农药的使用量。此外，美国的电力公司改变原来的售电营销政策，建立独立的节能服务公司 ESCO（Energy Service Company），帮助消费者节约电能，尽管售电量减少，但是节电服务创造了更多的经济价值。另外我国国内许多第三方的节能服务公司，帮助企业或政府节约能源，然后分享节能收益，在节约能源的同时创造经济价值，实现物质的减量化。

（3）以租代售

耐用消费品使用时间较长，但是并非在每个时间段都发挥效用，以租代售可以实现产品发挥效用的时间增加。例如，当国家打破电信公司的垄断后，许多公司可以以租赁的方式提供电话机和其他产品，消费者仅仅购买电话的使用权而不是所有权。电话出现故障仅需换一台即可，公司对电话翻新和再循环，电话机的使用寿命可以长达数十年。如果消费者的关注逐渐从产品特征转向服务特征，就会使设计人员有更大的自由度，并可能在一定程度上促进设计出更清洁的产品。服务也成为提高生活质量的重要途径，但目前实现功能经济（经济服务化）还明显受到物质和能量的制约。我国近几年出现的"共享单车"就是非常典型的以租代售案例。

（4）销售商拓展服务功能

销售商是传统的第三产业范畴，提供产品的销售服务，它具有同时面对生产商和消费者的巨大优势，销售商利用这种优势可以影响下游消费者。例如，中国每年六月份在全国范围内进行的可持续消费周活动，许多零售商宣传如何使用家用电器能够更省电。2011年商务部推行的农超对接项目，许多大型商场将"农超对接"作为生鲜经营的新型采购模式，目前我国零售企业在实施农超对接时，须经过如下的程序：

①农超双方签订《合作协议》，协议中对土壤、水等环境要素的质量提出标准要求，确定种植标准、管理标准以及产品的收购和验收标准；

②组织技术培训，聘请农业专家、技术人员、农业大学生对农户进行种植标准和安全生产培训；

③基地统一管理模式。统一进行培训，统一购买农资，统一田间管理；

④上市前农残检测，在上市之前，每户进行农残检测，超市定期进行农残检测。

农超对接的"超市＋基地"流通模式除可以降低流通成本20%—30%，为消费者提供更质优价廉的农产品外，还有利于控制农产品生产过程中的农药和化肥对环境的影响。

第二节　产品废弃过程的环境影响管理

当产品失去其使用效用后，就会进入产品废弃阶段。从物质质量守恒的角度看，生产原料的绝大部分是变成产品的；从废弃者的角度看，产品废弃的很多行为是非点源的污染行为，尽管我们在对生活垃圾和污水的集中处理时可以将其转化成点源污染，但并非所有的产品废弃后都可以以点源污染的方式予以控制。在很长一段时间，许多国家并未将消费过程的最终废弃后最为严重的环境问题控制，包括德国和日本也都是从20世纪80年代开始，才逐渐意识到消费领域的环境问题，通过逐渐完善《循环经济法》等相关的法律和法规来进行管理。近年来，我国消费领域的环境问题也逐渐凸显，2018年12月中央全面深化改革委员会审议通过了《"无废城市"建设试点工作方案》，顶层政策设计步伐的加快标志着未来我国生活垃圾的管理转型势在必行。

产品在消费领域产生的废弃物主要包括液体废弃物和固体废弃物。液体废弃物如生活污水如果集中处理的话就直接进入城市污水处理厂，污水处理达标后进行降级循环利用或者排放到自然系统；如果不能集中处理就以非点源形式向自然系统排放，污染物种类及数量不可控。固体废弃物有生活垃圾、医疗垃圾、电子废弃物、家具及装修废弃物、报废汽车以及建筑废弃物（工业固体废弃物和农业固体废弃物在第七章另做讨论），除了生活垃圾和医疗垃圾的排放丢弃频率非常高外，其他类别固体废弃物的丢弃频率较低，因而需要根据丢弃频率的高低分类，以不同的处理或回收模式讨论。

一、政府、生产者与消费者谁该买单

产品在废弃阶段会产生不同的环境影响，依据环境管理中"谁污染谁负责"的环境责任界定原则，似乎应该是消费者为产品废弃后可能产生的环境影响买单。可是在实际的管理操作过程中，存在着难题：消费者并不像企业具有专业的环境知识和技术设备，对可能造成的环境影响不清楚也不知道如何处理。如果消费者不能直接处理，那么以经济收费的手段是否可以直接实现？在我国现有的污水和生活垃圾回收体系中，向消费者收取污水处理费（各地的标准不同）和生活垃圾回收费已经存在，但各地的运行实际都是需要政府进行补贴。消费者习惯于政府的补贴，认为提供合格、清洁的生活环境（准公共物品）是政府的职责之一。

在现有的生产和消费模式下，生产者以各种方式吸引消费者多购买商品，甚至耐用消费品呈现出快消品的特点。最典型的就是H&M服饰、优衣库等，不追求衣服材质的耐用性，而是着眼降低衣物的成本、不断加快服饰的换代速度，用低廉、时尚感吸引年轻的消费者不断大量购置衣物。消费废弃物不断增多，政府补贴也不堪重负，生产与消费的脱节导致政府为消费的环境影响买单，而且数额不断增加。

对于产品的废弃往往是"国家承担、公众分摊、生产者不管"的不合理分摊状态，因此"生产者责任延伸制度"（Extended Producer Responsibility　EPR）逐渐开始被重视，延伸责任制度就是要求责任方对产品的整个生命周期，特别是产品的回收、循环和最终处置负责,有效解决了合理构建资源循环利用体系,产品责任延伸从本质上界定了生产者、政府和消费者三者对产品造成的环境影响负有责任。生产者有责任在产品生产和流通环节对其产生的环境影响负有责任;政府一方面界定责任的范畴,另一方面促进生产者设计对环境影响较小的产品,从源头减少消费最终的废弃物;消费者应该为消费最终的废弃物环境影响买单。

消费者为废弃阶段的环境影响买单是一个极其复杂的过程,并非简单用经济手段制约而成。合理的收费机制不仅让消费者承担影响的费用,减少政府补贴的份额,而且有助于消费者改变生活习惯,减少消费的废弃物数量。消费的多样性导致很难以产品品种计量收费,许多国家采取生活垃圾计量收费的制度,但是这样的收费制度也没有能够完全体现消费者承担环境成本,因为生活垃圾的种类各不相同,同样重量废弃物的环境影响也不相同。

针对消费后数量大、难以后续处理的废弃物,政府往往通过法律形式予以制约。例如为了防止塑料制品对海洋的污染,欧洲议会在2019年3月28日以压倒性的票数一致通过了一项法案,即2021年起将全面禁止欧盟国家使用饮管、餐具和棉花棒、食物袋等10种一次性抛弃的塑料制品;能够循环的塑料制品到2029年回收率要达到90%,塑料瓶原料采用可循环材料的占比到2025年和2030年分别达到25%和30%以上。同时,为了加速对食品袋、包装袋以及塑料的香烟滤嘴、钓具、渔网等用品的淘汰,欧盟同时规定这几类的回收处理费用由生产厂商承担。

二、生活垃圾应该政府补贴还是市场运作

生活垃圾是消费领域废弃物数量最多、产生频率最高的一类固体废弃物,是各种消费废弃物及其包装材料的总和。在生产领域对

产品及包装的预收处理费以及面向消费者的垃圾处理费，可以弥补一部分市政处理生活垃圾的费用。生活垃圾的处理方式除了传统的卫生填埋方式外，还有焚烧处理和再循环利用模式。卫生填埋将各种消费的废弃物一起填埋，除了占用大量的土地资源外，还会在填埋过程中因厌氧发酵产生废气和废水，卫生填埋需对废气废水予以处理，避免进入自然系统产生二次污染。卫生填埋的方式不仅在废弃物的收集和运输过程中产生成本，在填埋后也需要维护和运营成本。卫生填埋不仅存在着二次污染的环境风险、大量占用土地资源的弊端，而且这种处理方式不会产生任何经济效益。政府收取的废弃物处理费仅针对生活垃圾的收集和清运过程成本，后期的运营成本和环境风险的控制只能由政府买单。

垃圾的焚烧处理可以产生一定的热值来进行供热或者发电，但是生活垃圾焚烧运营很难盈利，一方面生活垃圾的热值有限，另一方面焚烧厂多在人口密度较小的城郊，运输成本高。焚烧的最大好处就是焚烧后垃圾的体积大幅度减小，大大减轻了填埋土地的压力。

生活垃圾中有许多可以循环再利用的成本，如果这部分可循环的物质能够重新回到生产领域实现再次利用，不仅可以减少生活垃圾的数量，更为重要的是实现了资源的再次循环利用。这种方式是可以产生经济价值的，对环境友好程度最高。循环利用的前提是分类，只有前端的有效分类，才能实现资源的再次利用和垃圾的减量化。生活垃圾并不是都能循环利用的，所以理想的处理是梯级利用：即可循环利用的部分提高循环利用率，让这部分废弃物尽可能回到生产领域；不可循环的部分能够焚烧或堆肥产生经济价值的，以适当方式处理，最后对处理不了的部分实行卫生填埋。

理论上讲，循环利用、有机堆肥和焚烧都可以产生经济价值，如果梯级组合利用可以实现经济价值最大化。如果生活垃圾回到经济系统被重新利用，一方面不仅大大减少向自然系统的废弃物和污染物排放，另一方面也降低对自然资源的过度摄取和依赖，所以生活垃圾的循环利用不仅具有经济属性，也同时具有公共福利的社会属性。消费者改变源头行为方式实现生活垃圾有效分类是循环利用的基础，其资源化是经济活动过程，能够被循环利用需要获得经济利益。生产者和消费者的经济属性与政府追求的社会属性需要协调统一，才能真正实现城市生活垃圾的资源化。我国近年来出台了一系列的法律法规和配套标准，不断建立健全生活垃圾资源化的制度体系，但生活垃圾资源化的最大难点在于如何真正得以实施。构建政府为主导、企业为主体、社会组织和公众参与的环境治理体系，明确各自的责任与作用，才能共同推进城市生活垃圾的资源化。

生活垃圾的种类繁多，需要进行分类管理。依据环境风险的原则，环境风险越高类别的垃圾，管理应该越严格。生活垃圾中包括废灯管、废电池、废药品等在内危险废弃物，其数量在垃圾中占比不高，但是环境危害和社会福利损失大，管理应该比其他类别的生活垃圾更为严格。这一类垃圾应该从生产领域就执行严格的追溯制度，避免危险废弃物的无序丢弃。危险废弃物不具有再生的经济价值，而且环境危害大，市场行为显然无法实现管理和回收，政府或政府委托的代理人对危险废弃物的回收是实现社会福利最大化的方式，政府需要对危险的生活垃圾补贴处理成本，实现社会福利损失的最小化。

对能够产生经济价值的废弃物部分，进行市场化运作资源的纵深管理，不仅可以实现再生资源经济效益最大化，而且参考德国、日本的发展经验，还会催生许多与资源的循环利用相关的新兴产业，如废弃物处理、再生资源流通、再生资源加工、再利用产品的流通、环保设备制造、环保咨询服务等产生的发展。我国也有许多与循环利用相关的企业，但是没有真正形成产业规模。从众多的消费者手中汇聚到生产领域往往需要经历多个环节，重量体积大、经济附加值低导致物流成本在回收成本中占比很大。如果逆向物流不畅通，不仅会增加回收难度，而且进一步增加了再循环利用的成本，物流成本在很大程度上决定着再生资源的经济价值和市场竞争力。如果回收成本高于其附加值，导致企业亏损就无法实现再循环利用。此外，再生资源的经济性如果低于原生资源，企业会优先选择利用原生资源。

因此，各国政府推进生活垃圾资源化都会以不同的方式降低逆向物流的成本，以提高再生产业的市场竞争力。例如，利乐包装是一项创新性技术革命，从根本上解决了果汁、牛奶等需要冷藏的食品的常温运输问题，大大节约了能源。利乐包装采用包括纸张、铝箔和塑料在内的多层压制技术，这些材料都具有可循环利用的自然属性。北京的一家回收利乐砖包装再生产的企业引进国外的先进技术设备，进行利乐再循环利用，但在回收利用方面遇到大麻烦，一是原材料的来源问题，二是回收的包装的处理成本问题，导致该企业很快就破产了。我国生活垃圾资源化刚刚起步，目前逆向物流的渠道不畅通，所以导致价值较高的垃圾类别才被综合利用，而众多的低附加值类别无法得以再利用，大大降低了生活垃圾循环利用率。逆向物流的渠道构建包括配套的逐级回收和分拣中心、合理的物流路径规划以及再生产业的布局和规模，单兵作战的企业无法实现。政府给予再生企业补贴并不能从根本上提升企业的市场竞争力，而政府建设逆向物流"高速路"更有利于促进生活垃圾循环利用产业的发展。

三、消费者的分类行为

生活垃圾分类的真正源头在家庭而不在社区，如果消费者家庭不能垃圾分类，社区的分类就无法实现。上海市近日推出生活垃圾管理条例，强化垃圾的分类回收，并规定对不分类的个人和单位进行处罚，法律法规的完善强化消费者的行为底线。消费者垃圾分类改变原有的行为模式一方面需要环境教育逐渐培养绿色消费意识，更为重要的是消费者如何减少从意识向绿色消费行为转化的差距。

在许多国家只要产生生活垃圾就需从量计价收费，目前我国可循环利用类垃圾还是给消费者付费，不可循环的垃圾没有经济收益，所以家庭垃圾分类的主要收益还是环境友善的公共福利属性。垃圾分类增加消费者的时间成本，实现绿色消费转化就必须减少消费者的时间成本，提高分类的便宜性和可操作性，尤其是在有限的中国家庭空间，如何更可操作分类是值得深入研究的。日本最初的垃圾分类只是可燃与不可燃，然后逐渐细化分类。中国无废城市的试点也应因地制宜，本着干湿分离、有毒有害分离的基本原则，根据消费者的绿色行为意愿简化分类程序，降低时间成本，从简到繁逐渐深化的原则让消费者能够将垃圾分类落到实际行为中。德国推行了严格的生活垃圾分类，除要求把生活垃圾中的易拉罐、饮料盒、塑料袋、以及金属、塑料等包装材料投入专门的黄色垃圾桶外，还分别设立了专门投放废旧报纸、杂志的蓝色垃圾桶和专门丢弃剩饭、果皮等有机生活垃圾的褐色垃圾桶。有些地方还设有丢弃枯枝、树叶的"绿桶"。生活小区及商场旁还有用来丢弃废旧灯泡、电池、陶瓷等需要特殊处理垃圾的"黑桶"，及丢弃玻璃的垃圾桶，但废旧玻璃也需要根据玻璃颜色的不同分别投入不同的废玻璃桶内。严格的分类规范消费者的行为，但是消费者往往会由于疏忽或者知识的欠缺导致每个垃圾桶的物质在回收利用前还需进行二次分类，大大增加了经济成本。随着分选技术的不断进步，许多垃圾只要本着"干湿分开、危险垃圾单独处理的原则"，运用光谱就可以高效分离，而且节约运输空间、降低运输成本，在挪威的垃圾分类处理就是后一种模式，实践证明经济运行成本低，消费者更容易操作。

随着信息技术的发展，可以精准分析消费者的行为，构建与消费者的信息联系。运用网络不仅可以教育消费者进行正确的垃圾分类，而且方便消费者获取自身行为产生的社会效益和环境效益。如成都部分地区消费者通过手机 APP 获取每次分类垃圾产生的再生资源种类数量以及对环境的正面影响，同时获知累积行为的环境效果，提高消费者的垃圾分类积极性和主动性，也有利于固化垃圾分类行为模式。

第七章 基于环境质量目标的管理

环境管理的公共管理属性决定环境管理效果的最直接衡量指标就是包括大气、水、土壤、辐射、噪声等质量要素以及生态功能的完整性是否保持。也即各种经济活动排放的大气、水体、土壤、噪声、辐射等污染物与环境承载力和环境质量之间的相互协调。基于环境要素的管理目标就是在保证生态功能完整性的前提下，界定各个环境要素的质量，从保护人类健康、促进生态良性循环出发，进行污染的控制。环境标准是为获得最佳的环境效益和经济效益，国家环境保护的相关部门在综合研究的基础上制定的各种有关污染控制、保护环境的标准。

在我国按照标准的适用范围划分，环境标准分为国家一级和省（直辖市）一级两级标准。如果按照标准的内容划分，分为环境质量标准、污染物排放标准、方法标准、样品标准和基础标准五类标准。其中，环境质量标准是各类环境标准的核心，是为保障人体健康、促进生态良性循环并考虑政治、经济、技术条件而对环境中有害物质和因素所做的限制规定。环境质量标准通常是环境规划、计划、污染物控制、环境管理及环境评价的依据，也是国家环保政策的综合体现，见图7-1。

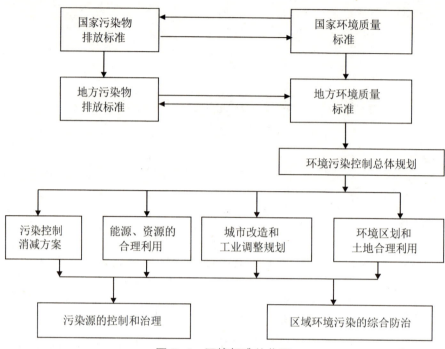

图 7-1　环境标准的作用

环境除了具有我们传统认同的提供资源和纳污的基本功能外，还具有舒适性和提供生命支持服务的功能[①]。这些功能需要通过环境质量的有效性和生态功能的完整性来保障实现。无论是生产活动还是消费活动都会产生外部性，绝大多数的外部性是外部不经济性。只有对所有活动的外部不经济性予以约束和限制，才能保证环境质量的有效性和生态功能的完整性。

限制外部不经济性需要根据活动的特点以及环境的主体功能确定限制的方式和限制的程度。基于特定环境的质量和生态功能要求，对污染进行控制，环境风险越高控制的就越严格。所以，污染物的

---

① 　包存宽，王金南．面向生态文明的中国环境管理学——历史使命与学术话语 [J]．中国环境管理，2019（3）．

控制是各国环境管理最重要的工作之一。工业生产的污染以点源污染为主，可以通过控制点源的污染物浓度和数量实现污染控制；而农业生产和消费领域的污染更多的是非点源（面源）污染，面源污染无法实现最终排放控制，需要前端的预防实现。

各国工业点源的污染控制是通过制定污染物排放标准实现的，对不同种类、不同性质的污染物分别制定严格的排放标准。污染物排放标准是依据环境质量标准及污染治理的技术经济条件，对排入环境的有害物质和产生危害的各种因素所做的限制性规定，是对污染源进行控制的标准。

第一节　基于技术的标准与基于质量的标准

污染物排放标准是控制点源污染最常用、也是政府管制最易实现的手段，污染物排放标准是环境标准中数量最多的一类标准。环境标准是根据社会的边际消减成本曲线和社会边际损害成本曲线确定的，经济上最优的环境质量水平是社会边际损害成本曲线等于边际消减成本曲线，见图7-2，MAC是社会污染物治理的边际成本曲线，MSD是社会边际损害成本曲线。

社会边际损害成本表现为对社会的外部不经济性。企业生产活动所产生的各种污染物总合构成企业的外部不经济性，政府出于社会福利的考虑要求企业将一部分外部不经济性内部化，也就是政府制定标准阈值，在标准水平以上的部分强制企业进行内部化处理，在排放标准以下的污染物排放成为社会公共的福利损失。也就是说，即使在环境标准健全的情况下，生产也会造成一定的福利损失，产生社会的外部不经济性，该外部不经济性对环境造成的损害既有当时的，也有长时间的。如果允许的社会损害成本降低（从MSD移至

MSD'），在社会边际削减曲线不变的情况下，排放标准提高，E_1为原来的排放标准水平，E_2为提高后的污染物排放标准水平，标准阈值从E_1移动至E_2，企业需要削减更多的污染物，将更大部分的外部不经济性内部化。

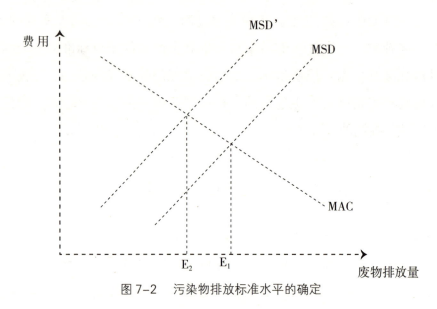

图 7-2   污染物排放标准水平的确定

环境标准阈值是企业需要承担的环境成本和社会福利损失的界定，企业的环境成本高会降低企业的市场竞争力，企业的环境成本过低会造成社会福利损失过大，经济发展有失公平。制定环境排放标准一方面需要与经济发展水平适应，另一方面必须兼顾公平性。许多国家在经济发展的初期，往往会制定相应较低的环境标准水平，为产业留出发展的平台空间。随着经济发展水平的提高，标准随之严格，使企业明确未来的环境成本会不断增高，并加快其生产方式的转型，这段时期的标准减少了社会损害成本，倾向于社会公平角度。

污染物的排放标准是基于技术或者基于质量进行制定的。基于技术制定标准阈值就是根据现有的污染治理技术水平，确定企业应该承担的环境成本。这种制定标准比较简单、容易操作，但却无法保证实现环境管理的目标——环境质量的有效性。因为基于技术的标准从单个企业的角度能够基本实现最优化配置，但是如果一定范围内企业的数量较多，排污总量就会明显增加，一旦超过环境容量的范围环境质量就会下降，社会福利损失增大。基于质量的标准是从保证环境质量出发，在环境容量允许的范围内根据产业的规模倒推单位产值的污染物最大排放量，据此确定排放标准的阈值。基于质量制定的环境标准充分考虑社会福利和公平性，但是如果产业规模大就意味着每个企业的环境成本大幅上升，在一定程度上也会影响经济的效率。

我国早期的排放标准基本基于技术制定，随着技术水平的提高也会相应提高标准水平，但污染物排放的总量在逐渐增多，环境容量在不断缩小。这种环境管理模式导致的最终结果就是环境质量恶化，经济效率提高的同时社会公平降低，以牺牲环境换取经济的增长。近十年来，我国环境标准尤其是各种工业污染物排放标准修订的进程不断加快，排放标准逐渐基于技术和基于质量综合考虑。以火电厂的大气污染物排放标准为例，从我国最早的《工业"三废"排放试行标准》（GBJ4-73）、《燃煤电厂大气污染物排放标准》（GB13223-1991）、《火电厂大气污染物排放标准》（GB13223-1996）、《火电厂大气污染物排放标准》（GB13223-2003）到最新执行的号称史上最严的火电排放标准《火电厂大气污染物排放标准》（GB13223-2011），多次的标准修订不断提高了火电发电的大气污染物排放标准阈值。2014年7月1日开始执行的这一最新标准，是世界上目前最严的水平，包括对一些重点地区提出的"特别排放限值"，比任何其他国家的标准都要严苛，充分体现出排放标准在基于技术的基础上，考虑区域环境容量和环境质量的要求，进一步提出基于质量的一些要求。

环境风险越大、区域的环境容量越小，相对而言越需要趋向于基于质量制定排放标准。美国工业废水的排放标准采取不同的技术要求，如果是现有工厂的常规污染物可采取常规污染最佳控制工艺（Best Conventional Pollution Control Technology; BCT）；但如果是有毒物质就必须采用更高的 BAT（Best Available Technology Economically Achievable）工艺；如果是新建工厂的话，要求是采用当时的最佳示范控制工艺（Best Available Demonstrated Control Technology，BADT）。

不同地区的产业分布不均衡，地方政府可以通过指定地方环境标准实现环境保护目标，我国的《标准化法》明确规定：地方标准不得与国家标准相抵触，即地方环境标准只能比国家标准严格，不能比国家标准宽松。提高地方排放标准，减少社会福利损失。但是提高环境标准意味着隐性增加企业的生产成本，会对地区的竞争力产生负面影响，这是许多地方政府最不愿意看到的。另外，环境标准在不同地区的宽严程度不同，可能会导致产业的迁移，促使产业从环境标准高的地区向标准低的地区转移。

第二节　环境规制对企业环境成本的影响

一、环境标准与企业成本

环境权益是每个人应该享有的基本权益之一，政府为了保证环境权益就会通过法律法规或行政手段等强制性措施限制生产活动的环境影响。企业环境成本负担的具体体现见图7-3。企业的外部不经济性是 A 边际削减成本曲线下面的全部面积。政府制定环境标准 E，E 以上的部分需要企业投入成本将其内部化，E 以下的面积部分是作为社会福利损失由整个社会共同承担。企业生产过程所造成的全部外部不经济性由环境标准 E 划分为两个部分——企业的环境成本和社会的福利损失。经济发展的不同阶段，政府设定环境标准 E 值的宽严程度也不同。在经济发展的初期，企业的技术和经济能力不足、此时一般环境容量还相对较大，所以政府往往采取比较宽松的环境标准阈值，也就是说企业需要内部化的环境成本部分较小、社会福利损失部分较大，以相对较低的环境成本换取发展的机会和平台。随着经济发展规模的不断扩大，企业的数量和生产规模的增加会导致该地区的环境容量急剧缩小，甚至可能会加剧环境质量恶化的趋势，此时政府会提高环境标准 E 至 E'。环境标准水平的提高会改变企业外部不经济性的分配比例：企业需要承担更多的环境成本，生产过程造成的社会福利损失会减小。提高环境标准被证明是可行的，也是环境规制通常采用的手段，当经济发展到一定程度后，技术的进步以及企业原始资本的积累让企业有能力承担更多的环境成本。

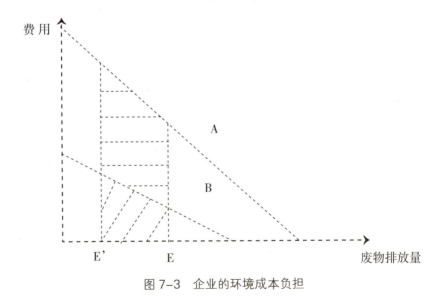

图 7-3　企业的环境成本负担

在不改变边际削减成本曲线的前提下，污染物的单位削减成本不断提高。也就是说，伴随环境标准的逐渐严格，企业不仅总的环境成本上升，而且单位削减成本（每削减一个单位的污染物所需要负担的经济费用，即边际成本曲线下相邻污染物数量之间的梯形面积）也会不断上升。

经济发展到一定程度后，政府作为环境代言人履行管理的职责，必须要减小社会福利损失，让企业承担更多的环境成本。企业环境成本上升后，可能发生以下几种情况。

（1）企业的边际削减成本曲线不同，环境标准从 E 提高到 E'，企业 A（边际成本高）和企业 B（边际成本低）的环境成本差距加大，技术落后、规模小、边际成本高的企业在环境规制严格的情况下不具有竞争优势，更容易被淘汰。所以提高环境标准往往会加速产业的升级，同时也会提高新进企业的准入门槛。

（2）单位边际成本随环境标准的不断严格而升高，升高的幅度与成本曲线的斜率有关，斜率越大（A 大于 B），符合标准要求付出的成本增长越快。环境规制的严格在很大程度上会促进企业从末端治理的方式向全过程清洁生产转化，因为清洁生产会降低边际成本曲线。

企业间单位治理成本增加的幅度不同，增加幅度大（边际成本曲线斜率大）的企业会通过经济手段尽量降低环境成本，如排污权交易的实现。

（3）企业产生的污染物往往会有很多种，不同污染物的边际削减成本曲线也不相同。如同样是工业污染物，烟尘和粉尘削减的边际成本曲线远远小于二氧化硫，当提高环境标准后，工业烟尘和粉尘的去除率较高，而二氧化硫的去除率就较低。边际削减成本高的污染物一旦提标，企业所承担的环境成本会大大增加。即使许多发达国家也会考虑适当放宽边际成本高的污染物排放水平，采用其他经济激励手段进行总量控制，鼓励技术先进的企业多减排，通过排污权交易卖给技术相对落后的企业，以提高减排的经济效率，避免由于环境标准过高造成企业负担过重。

（4）就地区而言，环境标准的提高可能会带来产业升级和产业转移两种截然不同的后果。如果企业的环境成本负担超过其负担能力，企业就会选择破产或者产业转移，将企业迁移到环境成本较低的地区，但从本质上并没有真正实现污染物的总量消减，只不过是将污染物从一个地区转移到另一个地区。

二、逆向选择的危害

近几年环保督查席卷全国，众多企业的环境违法行为被曝光，尽管违法行为不尽相同，本质上反映的都是企业环境守法意识的薄弱。企业承担环境成本需要付出经济成本，而达到国家标准的要求后企业并不能获得直接的经济利益。例如，企业对环境造成污染，那么它应该安装消烟脱硫和污水处理装置，这时环境污染治理被看作是整个工艺流程的必要一环，与此相关的劳动看作是社会必要劳动，所涉及的费用是正常的生产成本。但对于企业而言，经济增值的过程是在由原材料向产品转化的生产过程中完成与实现的，污染治理增加了生产的成本，又不能提高其产品的质量，如果没有环境法规的强制，没有哪个企业会主动采取措施治理污染。

即使在有环境法规的情况下，许多企业仍会千方百计地钻空子，使用一种成本最低的方法应付环境法规的执法检查。例如，在排污标准采取最简易的浓度标准的情况下，如果企业排出的污水中某种污染物浓度超标，它就用加大排放量来降低浓度的策略来逃避治理的责任。社会发展中不断出现新的经济活动形式，也会产生原来没有的环境影响，当这些环境影响出现时需要及时规范企业的行为，减少外部不经济性造成的损失。经济发展过程中一方面需要提高环境标准，另一方面要不断弥补法律法规和标准的不完善之处，减少企业钻法律空子的机会。

法律法规的完善还需要执法严格保障实现。环境监管的缺失或漏洞，会导致一些企业敢于违法。环境违法企业如果没有受到应有的惩罚，或者惩罚力度不够（违法惩罚小于实际应该承担的环境成本），那么企业可能就会选择成本最低的环境违法。执法不严的危害绝不仅仅是某个企业或者或几个企业违法，而是与环境守法企业相比较，违法企业不承担或少承担环境成本，反而比环境守法企业更具有成本的竞争优势，长此以往就会出现劣币逐良币的逆向选择趋势。最终形成一种守法企业没有优势，违法企业反而受益的"怪象"，其他企业就会逐渐趋向环境违法。

如果企业没有守法的底线，政府管理的成本就会大幅增加。而且逆向选择会让企业和政府形成"猫捉老鼠"的二元对立模式。政府监管到的地方就守法，监管不到的地方就不守法，政府的监管不可能面面俱到，那么企业就总会有违法的空间。建立企业的守法底线是政府管理的重要职责，尽管近些年的环保督查出现了一些环保影响经济发展的不同声音，但全国范围内持续的环保督察的确给所有企业和地方政府敲响了警钟，也让企业逐渐树立起环境成本是企业基本而必要的成本组成的观念。

没有企业的守法底线，所有的经济手段和市场手段都不会发挥应有的作用。企业守法的前提是违法成本高昂，企业以利益最大化作为其行为准则，只有环境违法成本高昂，企业才会守法，才会考虑如何提高经济效率，用最少的经济成本达到环境规制的要求。比较 A 和 B 两条边际成本曲线（图7-3），显然，降低边际成本曲线是企业合规和效率两全的最优选择，通过管理水平的提高和技术的进步可以有效降低边际成本曲线，这是最有效、也是最经济的污染治理的途径。这主要是由于两个方面的原因：一是管理的完善和技术的进步意味着能耗和物耗的下降，与此同步发生的是污染物排放量的下降，这是对污染治理的直接贡献；二是这些进步带来的经济效益的提高增强了企业污染治理的能力。

对于国家的政策而言，如何推动企业的环境技术进步是环境管理的重要内容。影响企业边际成本曲线的因素主要包括：行业特点、生产规模、所有权性质、市场环境、技术水平及管理水平等，其中环境技术水平在很大程度上影响着企业的边际成本。政府和企业、消费者一样也习惯于采用原有的技术体系，这使得产业政策经常用来保护受到新技术、新企业挑战的落后产业。新的劳动技巧和观念要贯穿于社会的教育培训系统，也需要很长时间才能得以实现。所以新技术与社会经济体系协调所面临的问题就是一致性的问题。那些容易融入现有生产体系并与人们的生活方式相协调的新技术的扩散要比需要资本替换、新的基础设施建设、不同的劳动技巧、更新生产和消费观念以及需要制定新的政策法规的技术的扩散速度快得多，也容易得多。渐进性的环境技术比根本性的环境技术的研发难度、社会融入难度以及政府的实施难度都小得多。

三、环境政策与企业的环境技术创新

企业通过技术创新保持自身的竞争优势，但环境技术不同于其他的技术，其环境效益远远大于经济效益，企业是否愿意研发和采纳环境技术往往与政府的环境政策直接相关，环境政策对于环境技术能否融入现有的生产体系具有双向的作用，不同的环境政策引起的响应机制各不相同。

【案例分析】

美国 EPA（美国环境保护署）根据《有毒物质控制法》要求在

1980年1月1日后禁止制造多氯联苯（PCB），在该环境政策的作用下，产生了三项技术效应：

（1）到1970年，PCB制造商自愿限制销售PCB；

（2）将新的、易于生物降解的PCB应用于电容器，改进电容器的设计，减少了2/3的PCB；

（3）开发PCB的替代物。

其中第（1）项技术效应是消极的，没有技术改进的情况下，限制销售只能意味着减少产品生产，第（2）项技术效应是渐进性的创新，新技术容易与现有的生产工艺和设备结合，第（3）项技术效应是根本性的创新，开发PCB的替代物意味着必须改变生产工艺和设备，这是响应环境政策最有效的措施。

企业在环境政策的作用下，很可能首先采用第（2）项技术，渐进性的改善，企业的风险和投资都小。到EPA规定的最后期限，企业将采用第（3）项技术，虽然存在较大的技术上和经济上的风险，但所有的PCB用户都必须采用新的替代技术，所以不必考虑采纳新技术会在市场竞争中处于不利地位，实际上经济风险已大大减少。

但并非所有的环境政策都是有效的。仍以美国为例，EPA根据《清洁空气法》要求所有大型汽油销售商自1974年7月1日起提供一级无铅汽油，以保护汽车上的催化转化器，并要求自1979年10月1日起减少普通汽油的铅含量。此项环境政策的技术效应分别是：

（1）汽油使用锰基添加剂MMT；

（2）研制铅捕获器捕获排气口的铅；

（3）在点火阶段使用新的催化剂。

由于锰基添加剂MMT替代铅对催化转化器有破坏作用，而铅捕获器未获得商业性成功，如果没有新的根本性的创新，用新的催化剂替代铅，就找不到满足环境政策法规要求的技术方法，企业也就无法达到法规要求，这项环境政策就不能称为是成功和有效的。

除环境法规政策外，各种其他的环境政策，如排污收费、排污权交易、环境补贴、排污许可、市场准入、技术规范、绩效标准、产品标准、产品禁令、生产者责任、信息披露、自愿协议，等等，都会产生不同的技术响应。Heaton[①] 将技术响应分为根本性创新、渐进性创新、连续创新和技术扩散回类，环境政策工具与技术响应类型的关系见表7-1。

表 7-1 环境政策工具与技术响应类型的关系矩阵

	根本性创新	渐进性创新	连续创新	技术扩散
产品标准	×	× ×	×	× × ×
市场准入	×	× × ×	N/A	N/A
产品禁令	× × ×	×		× ×
绩效标准	×	× × ×	× ×	× ×
技术规范	×	× ×	×	× × ×
设施许可	×	× ×	×	× ×
排污收费	×	× × ×	× × ×	× ×
排污权交易	× ×	× ×	× ×	×
环境补贴	× ×	× × ×	× ×	× × ×
生产者责任	× × ×	× ×	× ×	×
信息披露	×	× × ×	× × ×	×
自愿协议	×	× ×	× ×	× × ×

注：×：关联性弱；×××：中度关联；×××：高度关联。

从以往的研究来看，排污收费作为一种环境政策在世界许多国

---

① HEATON G.. Environmental policies and innovation: An initial scoping study. 1997.

家得到应用，是目前世界上应用最广泛、最成功的环境政策。排污收费有两个基本功能：一是向排污者收取费用，刺激企业减少污染物排放，二是可以将排污收费收集的资金用于污染治理。排污收费以费或者税的方式实现国家政策目标，我国的排污收费制度已经发生了巨大的变化，从欠量收费、单因子收费、超标收费，逐渐向等量收费、多因子收费和排污就收费过度。2018年1月1日起排污费改为环境保护税，地方税可以由各地政府根据产业的规模和区域环境容量综合考虑，设定1～10倍的税率，逐渐要求排污者加大生产过程的环境成本，促使企业在现有的末端治理技术成本攀升的情况下，采取新的技术手段进行污染预防。排污收费是持续性的，所以对企业的渐进性技术创新起到非常大的推动作用。

排污权交易与排污收费制度有一定的类似之处，但是排污权交易是基于环境质量的总量控制，政府将排污权分派给各个企业，对企业的排污总量制定上限，发放排污许可证。排污许可证是典型的环境规制手段，进入二级市场，将排污权作为稀缺资源进行买卖，使企业能够将部分排污权转卖给其他企业。它和排污收费一样，很难引起企业的根本性创新，但对企业的渐进性创新具有一定的激励作用。

环境补贴和环境税收都属于国家财政激励政策：对于污染严重、回收利用困难以及对环境资源使用较多的产品征收环境税，而政府对市场上出售环境友好相关产品的企业给予补贴，本质上就是由政府承担一部分清洁生产技术创新的费用成本，降低企业创新的成本和经济风险。对于企业的根本性创新和渐进性创新都有很大推动作用。

生产者责任政策要求有毒有害产品的生产者对其生产的产品带来的危害承担法律责任，或对其所销售的产品在整个产品生命周期的环境影响承担责任。生产者责任可能会使企业在新产品研发过程中采取谨慎和风险规避的措施，有可能延长产品的开发周期，降低企业根本性创新的积极性；但从另一个角度说，生产责任会使企业采用更安全的技术和工艺，开发更安全的产品。

其实无论是环境法规还是环境经济政策，它们与技术效应并不分离，环境政策的优化组合使用会产生更好的技术创新效应，见表7-2。

表7-2　环境政策的创新效应矩阵[①]

	成熟企业	新企业	环境企业	产品变化	工艺变化	资源利用	管理
产品标准	+			+			+
市场准入		−		−			−
产品禁令	++	++		++			++
绩效标准	+	+	+		+	+	
技术规范	−	−−	++		+		
排污许可	−	−			−−	+	
排污收费	++	++			++	++	+
排污权交易	++	−	−	++	++	++	++
生产者责任	++	+		++		++	++
信息披露	++	+		++	++	++	++
自愿协议					+	+	+

注：＋表示两者之间正相关，－表示两者之间负相关。

第三节　增大绿色生产的收益

一、绿色生产的社会收益和经济收益

政府的环境规制是指政府以强制性的法律和行政手段，对经济活动的外部不经济性予以一定程度的限制。这一本质决定了政府进

---

① HEATON G.. Environmental policies and innovation: An initial scoping study. 1997.

行环境规制的时候，只能针对生产结果的末端采取限制措施，也就是对生产末端向外界排放的包括大气、水、固体废弃物、噪声和放射性等污染物的浓度或者数量进行规范。但是在实际的生产过程中，生产过程极其复杂而且环节众多，政府不可能对生产全过程和生产中间的可能排放全部进行有效监管。在很长一段时间内，我国的生产企业一般采用末端治理的方式，即把污染物全部集中在尾部进行处理，见图7-4，以符合国家环境规制的要求。

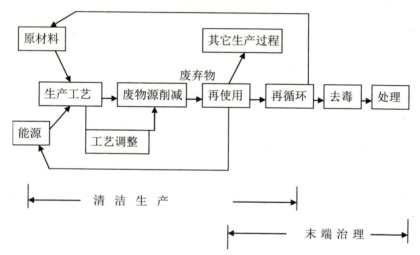

注：一般情况下，废弃物先经过去除毒性、处理进入再使用、再循环过程，这里为了便于说明两个概念的区别，故作顺序上的调整

图7-4　绿色生产示意图

达到国家环境规制，符合国家的环境法规和环境标准的各项排放要求，是否就是绿色生产？答案显然是否定的，因为，仅仅就末端的污染物进行治理和控制，对企业而言没能实现经济利益的最大化。而且随着环境规制的严格，这部分成本越来越大。另外，生产过程中的诸多环节难以被监管，造成的环境损失可能被低估。例如，美国20世纪70年代对于杀虫剂和危险有毒化合物的管理还是空白，企业按照

污染控制条例的要求做报告，他们没有报告向环境中排放的化学品的真实数量，报告量远远小于其使用量。化学品的使用决议由企业自主决定，并被视为商业秘密加以保护。1979年—1982年期间至少发生6起运送化学品的机车出轨事件，数千人被迫撤离，并且通常当地的紧急事件处理人员没有足够的信息处理这种危机。

　　绿色生产应该是对生产全过程的污染预防和控制，1989年联合国环境署界定清洁生产为使用清洁的能源、清洁的生产过程及生产清洁的产品，清洁生产是一种可持续的绿色生产方式。清洁的生产过程无法通过环境规制实现，必须通过企业这一主体实现，企业必须对其生产工艺进行调整，改善自身的环境行为。企业要通过改进生产工艺，实现生产模式的转化变事后处理为事前预防。以清洁生产为主要形式的绿色生产方式，需要企业投入人力、物力和财力等成本，而且还面临着生产工艺改变可能存在的技术风险和经济风险。追求利益的最大化是企业的本质，只有绿色生产的收益大于绿色生产的全部成本投入，企业才会从主观上愿意改变生产模式，由现有的末端治理向绿色生产转化，绿色生产的模式见图7-5。

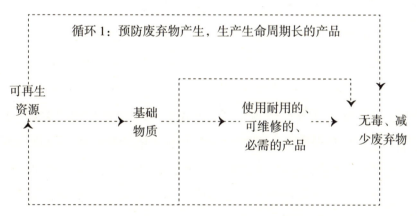

图7-5　绿色生产的模式示意图

绿色生产具有极其显著的社会效益和环境效益。污染物一旦产生，末端治理并不能实现真正意义上的消除污染物，而必须通过技术手段减小污染物的环境风险。例如，目前我国采用的火电 SO_2 的减排技术主要是石灰石—石膏湿法脱硫技术，也就是用碱性物质中和 SO_2 这一酸性氧化物，形成硫酸盐和亚硫酸盐固体。2011 年《火电厂大气污染物排放标准》（GB13223-2011）修订颁布，中国 SO_2 排放限值进一步趋严，并且严于美、欧等发达国家和地区，成为世界上最严的标准，该阶段火电行业通过进一步提高脱硫技术水平和运行管理水平，从而提高了综合脱硫效率。大气中二氧化硫以固体盐的形式被贮存，但后期存在一定的环境风险：如遇水或潮湿环境可能导致 SO_2 再次溢出，大量堆积也可能发生氧化还原反应，产生 H_2S（硫化氢）有毒气体。因而，污染物处理的最佳方式就是从源头减少污染物的产生量。

随着环境标准的不断严格，企业达标的环境成本也在不断攀升。绿色生产的边际治理成本曲线低于末端的污染控制，就长期而言，绿色生产的环境成本远低于末端治理的环境成本，且绿色生产前期投资成本大，虽然长期经济效益显著，但是短时期内与末端治理相比较并不具优势。因此企业面临长期利益和短期利益的平衡。

绿色生产从企业层面而言，降低污染物削减的边际成本曲线会在一定程度上降低企业的环境成本，从而获得一定的经济效益。从社会层面而言，绿色生产意味着生产过程的外部不经济性水平总体下降，造成的社会福利损失减少，具有非常大的环境效益和社会效益。边际成本曲线的降低缘于清洁生产技术在生产过程中的应用，与其他类技术研发相比较，由于清洁生产技术的环境效益大于实际的经济效益，企业研发清洁生产技术的积极性与主动性也会较低。因此，促进企业的绿色生产转型不仅仅需要制约机制（严格的环境规制），外部的正向激励机制——经济手段的激励和市场机制的激励也必不可少。

经济手段的激励本质是政府给予环境要素以经济价值，使得环境要素成为稀缺资源，追求利益最大化的本性驱使企业用最小的成本获得这一稀缺资源。绿色生产的环境效益大于经济效益，政府运用经济手段的激励可以将企业的环境效益最大化转变成经济收益，使企业生产转化的积极性随之提高。最常用的经济激励手段是补贴和税收。我国自2018年开始征收环境税，促进企业外部成本的内部化，企业的生产技术和管理水平决定企业的外部性成本水平，外部性成本越高，征收的环境税越高，企业的产品成本也就越高，企业在竞争中越不利。这有利于淘汰落后企业，促进企业绿色生产转型和产业结构的升级，从而优化整个社会资源配置。

政府经常对社会经济活动施行相应的财政贴补措施，这是国家经济政策的重要组成部分，国家通过补贴措施可以扶持优先发展产业，实现产业结构的调整和升级换代。最初状态下，补贴可以实现再分配目的，或有助于纠正市场失灵，但是，具有某些用途的补贴也可以把资源从有效使用向无效分流，干扰价格信号，以致降低分配效率，也就是说，并非所有的补贴都对环境有益。例如，一般认为用于能源生产和消费、交通运输、农业、渔业及以其他的自然资源为基础的产业的财政补贴趋向于削弱环保目的。依据企业污染量或其他环境损害的消减给予支付的补贴形式我们称之为环境补贴，也就是用于改善环境目的的公共财政支出。环境补贴的最大特点是环境损害的预防性，这与税收不同，通常税收都是对给环境造成污染或其他损害的企业征收矫正性费用的财政手段。当然也包括对于环境损害小的企业退还全部或部分税费，此时的环境税与环境补贴有相同的环境损害预防性质。

促进企业绿色生产转型的补贴主要包括：对研发的补贴、对生产设备或者运行费用的补贴、针对绿色产品的补贴以及对中小企业的专项补贴。中小企业在市场竞争中与大企业相比处于劣势，其绿色生产转型的困难远大于大企业，政府可以通过专项资金扶持中小企业。例如，美国 EPA 在1991年和1992年的财政预算中抽出2%资助中小企业的清洁生产，奖励每个以创新方式开展清洁生产的小企业25000美元。我国于2004年10月发布的《中小企业发展专项资金管理暂行办法》中，专项资金以无偿资助或贷款贴息的方式，用于支持中小企业的专业化发展，用于大企业协同配套、技术创新、新产品开发、新技术推广等。

二、市场机制放大企业的环境行为后果

经济手段的激励还是政府和企业之间的二元博弈，公众和 NGO（非政府组织）等多个利益相关方的参与通过市场机制形成多元的环境管理模式，见图7-6。

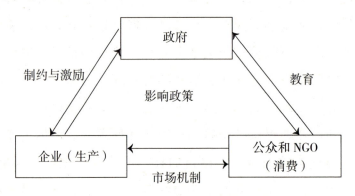

图 7-6　多方参与的环境管理模式

生产和消费紧密相关联——生产为了消费，而消费也会倒逼生产。生产者根据消费者偏好进行生产，而消费者的选择在很大程度上影响着生产者的行为。消费者在选择购买产品时，没有足够的专业知识辨别产品的内在品质以及产品对环境的影响，促使品牌成为

产品质量的标识。企业生产过程中的环境行为也逐渐成为品牌的一个构成部分。例如，2016年在对中国10个城市的绿色消费调查中，众多消费者会选择购买品牌产品，但如果企业有环境违法行为消费者会降低购买该企业产品的欲望。世界银行的研究表明：美国和加拿大的股票市场对企业的相关环境信息有明显的反映，好消息引发股价上涨而坏消息导致股价报跌，所引起的损失在1%~2%范围内。市场机制就是把生产和消费活动联系在一起，利用消费倒逼生产。企业绿色生产带来环境损失的减少，通过市场将这种环境效益转化为企业的品牌价值和企业潜在的竞争力，大大放大了企业绿色生产的收益。同样，企业如果造成环境损害，企业的品牌价值会降低，企业的环境违法成本也会增加，这在一定意义上提高了企业的守法底线意识。

市场机制能否真正发挥作用取决于两点。第一，消费者的绿色消费意识和行为。绿色消费意识的提升促使消费者在关注绿色产品的同时也关注企业生产过程的环境影响，加快企业进行绿色技术的研发和推广，促进更多的企业生产绿色产品或改善生产过程对环境的影响，向绿色生产转化。例如，国际上许多大公司都会主动发布企业可持续发展报告，自愿承诺减少各种环境影响、持续改进生产过程的环境目标，这些自愿减排的目标均不是政府强制性的要求。相反，企业通过自身的绿色生产树立绿色企业和绿色品牌的形象，从而提升了企业的市场竞争力。消费者的绿色消费意识越强，企业绿色生产能够为企业带来的收益越大，反之亦然。绿色消费会与经济发展水平呈现一定的相关性，也就是说，相对 GDP 水平越高，绿色消费意识会相应提升。但是，并不是经济水平发展了，绿色消费意识就会自然而然地提升。无论绿色生产还是绿色消费最直接的收益都是环境效益，也就是说，以预防的方式实现社会福利损失的最小化，它不仅与环境管理的目标一致，而且也是经济效率最高的一种方式。为了加速绿色生产向绿色消费的转化，政府应该在经济发展到一定阶段之后，通过环境教育提升消费者的绿色消费意识，加速绿色消费行为的转化，促进消费对生产的倒逼机制。

第二，市场信息的准确和畅通传递。从生产领域进入消费领域，最终进入消费者手中需要经过众多流通环节。一方面，生产者的环境信息经过各环节之后，就可能出现环境信息的失真。反过来消费者的环境偏好传递到生产者的手中也会发生扭曲和失真，从而导致生产者和消费者之间的环境信息不能充分和准确地传递，生产者进行绿色生产所产生的环境收益无法被消费者获知，也就无法产生品牌价值；另一方面，消费者的环境偏好不能反馈给生产者，生产者也就无法按照消费者的绿色消费需要生产相应的绿色产品。为了让消费者明确所购买产品的绿色属性，生产企业会在产品包装上自我声明（第二方声明），但是，企业生产过程中的环境行为无法通过自我声明方式传递。通常，市场的中介机构（第三方）对环境信息的传递作用巨大。中介是市场化发展的必然产物，在市场分工细化后承担横向的信息传递功能。中介机构与生产者、消费者以及经营者任何一方都没有利益关系，因此能够保持较好的公正性及客观性，中介机构参与市场信息传递最有效的手段就是环境认证，见表7-3。第三方认证具有较高的权威性，能够将生产企业的环境行为通过市场准确传递给消费者。

表 7-3　环境认证的种类

产品认证（Environmental Labeling）	证明产品符合某项环境标准，证明产品对环境有善，通常我们称之为环境标志	绿色食品、环境标志产品、节水标志、能效等级标识等
体系认证（Environmental System Certification）	体系认证是证明提供产品或服务的组织（不仅仅是企业）的生产过程对环境的损害小，而且保证组织不断地改善其自身的环境行为	ISO14001、EMAS、清洁生产认证等

三、企业环境信息公开有效矫正市场信息扭曲

企业在生产过程中所产生的环境影响不仅仅表现在末端向自然系统排放的污染物数量和种类，实际上在整个生产过程中都存在一定的环境风险和环境损害，企业在其生产过程中涉及以下诸多与企业的社会责任相关联的环境绩效。

（1）所生产的产品及包装的物质使用效率和循环利用率；

（2）生产过程及产品（服务）的能源强度及提高能效的措施；

（3）水资源的利用率及循环率；

（4）生产过程及产品（服务）对生物多样性的影响；

（5）常规污染物的排放、危险废弃物的处置及运输；

（6）重大环境事件的披露及应急处理；

（7）环境合规性；

（8）供应商的环境绩效评估；

（9）EMS 环境管理体系的完善性；

（10）环境审计和环境会计；

（11）环保成本的支出。

各利益相关方对企业的环境行为及其可能风险有不同的利益诉求，利益相关者不仅包括企业的股东、债权人、雇员、消费者、供应商等交易伙伴，也包括政府部门、本地居民、本地社区、媒体等与企业有各种关联的且对企业的决策产生不同影响的利益团体或个人。企业环境绩效与企业经济绩效密切相关，由于信息的不对称，企业环境绩效与企业的品牌价值和经济收益并没有形成应有的关联，因而产生市场信息的扭曲。企业的环境绩效体现企业为承担环境责任所付出的环境成本和可度量的环境影响指标，可以更全面地反映企业生产全过程的环境影响。

2015年新环保法中将企业环境信息公开入法，明确了企业环境信息公开的法律地位，环境信息的公开矫正了市场信息的扭曲，是运用市场机制和利益相关方的影响促进企业绿色生产的一种重要方式。企业在没有政府监管的情况下不会主动公开自身的环境信息，即使有政府强制性要求，出于竞争的需求，企业也会偏向于只披露正面和积极的环境信息，隐瞒消极和负面的环境信息。环境信息的选择性公开和不完全公开会加剧市场信息的扭曲，导致不公平竞争，也不能充分发挥市场机制的作用。政府监管可以促进企业环境信息的有效公开和完全公开，为贯彻执行新《环境保护法》，生态环境保护部2014年12月19日配合发布了《企业事业单位环境信息公开办法》，指导和监督企业事业单位开展环境信息公开工作。但我国目前的企业环境信息公开工作有局限性，以鼓励企业自愿公开为主，要求强制公开的企业环境信息非常有限，仅对污染物排放超过国家或者地方排放标准，或是污染物排放总量超过地方人民政府核定的排放总量控制指标的污染严重的企业要求必须公开其环境行为信息。公开内容包括：企业名称、地址、法定代表人、主要污染物的名称、排放方式、排放浓度和总量、超标和超总量情况、企业环保设施的建设和运行情况以及环境污染事故应急预案等。《国家重点监控企业自行监测及信息公开办法（试行）》对企业自行监测的内容、频次、保障措施、信息公开等方面进行了明确规定。

企业环境信息不能完全公开，一方面我国现有的法律条款没有明确性要求，新环保法仅要求企业环境信息公开，没有要求哪些信息强制性公开。《清洁生产促进法》仅对"双超"企业强制公开排污信息提出要求，对于其他重点排污单位但不属于"双超"的企业或不如实公开排污信息的重点排污单位缺乏相应的法律强制手段。另一方面，我国社会信用体系建设尚不完善，企业公开的环境信息尤其是排污数据不准确，而国家对环境信息公开不真实、不及时的行为缺乏有效的监督机制。

【案例分析】

发展中国家的环境规制不完善，企业环境守法意识不足，往往导致环境管理成本的上升和管制效率的低下。世界银行资助印尼实施污染评估与定级计划（Program for Pollution Control Evaluation and Rating, PRORER），在发展中国家企业环境信息不充分的情况下，起到了发挥公众参与，促进企业环境守法，提升环境管理效率的作用。

印尼国家环境影响管理局（BADPEDAL）在1995年初，评估了187家工业企业的水污染状况，根据企业的环境行为好坏，将企业分为金色、绿色、蓝色、红色和黑色几个等级，针对定级的企业，环保部门和检测员制定了一套完整的评估指标体系，评估过程是透明的。企业的等级颜色向社会公开，公众不需特别的知识就能够清晰了解企业的环境行为状况。项目实施18个月后，环境守法企业从开始的61家（不足三分之一）增加到94家（超过二分之一），红色的和黑色的环境违法企业数量明显减少，见表7-4。即使在企业环境信息不能公开的发展中国家，将企业的环境守法情况转换成公众容易接受的感官图象，居住在企业附近的居民掌握了 PROPER 系统信息后，在环境监管中就处于强有力的地位。反之，如果环境信息不足，会扭曲公众的察觉能力。

表7-4 PROPER 实施前后企业环境守法情况对比

等级	1995年6月（个）	1995年12月（个）	1996年12月（个）	变化率（%）
金色	0	0	0	0
绿色	5	4	5	0
蓝色	61	72	94	+54

续表

等级	1995年6月(个)	1995年12月(个)	1996年12月(个)	变化率（%）
红色	115	108	87	−24
黑色	6	3	1	−83
企业总数	187	187	187	

2013年12月18日，环境保护部、国家发展改革委员会、中国人民银行、中国银监会以环发〔2013〕150号印发了《企业环境信用评价办法（试行）》（以下简称《办法》）。该《办法》分总则、评价指标和等级、评价信息来源、评价程序、评价结果公开与共享、守信激励和失信惩戒、附则7章37条，自2014年3月1日起实施。环保部门根据企业遵守环保法律法规、履行环保社会责任等方面的实际表现，进行环境信用评价，确定其信用等级，共划分为5个颜色等级，分别为绿色、蓝色、黄色、红色和黑色，环境行为条块等级依次逐渐降低。

企业评定的等级向社会公开，供公众监督和有关部门、金融等机构应用。这一直观的方式，向公众披露企业环境行为的实际表现，方便了公众参与环境监督；还可以帮助银行等市场主体了解企业的环境信用和环境风险，作为其审查信贷等商业决策的重要参考；同时，相关部门、工会和协会可以在行政许可、公共采购、评先创优、金融支持、资质等级评定、安排和拨付有关财政补贴专项资金中，充分应用企业环境信用评价结果，共同构建环境保护"守信激励"和"失信惩戒"机制，有助于解决环保领域"违法成本低"的不合理局面。

企业环境信用等级评价本着自愿参加的原则，但是对于环境影响大的重点监控企业要求强制性参评，包括环境保护部公布的国家重点监控企业，地方环保部门公布的重点监控企业，重污染行业内企业，产能严重过剩行业内企业，可能对生态环境造成重大影响的企业，污染物排放超标、超总量的企业，使用有毒、有害原料或者排放有毒、有害物质的企业，上一年度发生较大突发环境事件的企业，上一年度被处以5万元以上罚款、暂扣或者吊销许可证、责令停产整顿、挂牌督办的企业。

上市公司比起一般的企业不仅规模大，而且涉及的直接利益相关方众多，上市公司环境信息的公开（披露）可以强化各利益相关方对企业环境行为的监督，企业的环境信息会直接影响股票的价格，股票经历了大幅度下跌的企业污染物排放的量最多[①]。2016年8月31日，中国人民银行、财政部、环境保护部及证监会等印发了《关于构建绿色金融体系的指导意见》，明确提出逐步建立和完善上市公司和发债企业强制性环境信息披露制度。2016年证监会发布的《公开发行证券的公司信息披露内容与格式准则第2号》修订版第四十二条明确要求，属于环保部门公布的重点排污单位的公司及其子公司强制披露污染物排放情况以及防治污染设施的建设和运行情况等环境信息，并鼓励重点排污单位之外的公司自愿披露有利于保护生态、防治污染、履行环境责任的部分或全部信息。

随着绿色发展理念的逐渐深入，企业的环境信息公开也将不断完善。环境信息公开需要公众参与，没有公众参与的环境管理依然是二元管理体制，只有多元的环境管理体制才能发挥市场机制。公众参与也是一个逐渐深化的过程，公众参与的意识是参与基础，而公众参与的方式是参与途径，公众参与的有效性在很大程度上影响市场机制的运作程度。

---

① KONAR, S., M. COHEN. Information as Regulation: The Effect of Community Right to Know Laws on Toxic Emission[J].Journal of Environmental Economics and Management, 1997（32）:109-124.

第四节 非点源污染的控制

相较于工业的点源污染，非点源（面源）污染存在的形式、涉及的领域以及治理难度都大得多，非点源污染（Non-point Source Pollution）具有非常大的随机性和不确定性，而且许多污染具有隐蔽性和长期性，非点源污染的控制比点源污染控制的难度大得多。农业种植过程中的农药和化肥、畜牧业的各种排泄物以及消费领域众多环节产生的多种废弃与污染都是非点源污染的主要源头。

无论在世界范围还是在我国，非点源污染的控制越来越受到重视，如最近美国商务部国家海洋与大气管理局的一项报告显示：海洋环境的污染80%来自陆地，而这当中很大一部分是所谓的非点源污染，也就是那些随着地表径流导入大海的污染物。来自农业和城镇居民区过量使用的肥料、除草剂和杀虫剂、油脂和有毒的化学物质等，居民饲养的家畜和宠物的排泄物，还有管理不善的建筑工地、农林牧场的废弃物、处理不当的废弃矿山排放的酸性污水等都会以不同的路径进入大海，哪怕是汽车滴漏的机油、丢弃在路边的各种垃圾等极其微小的源头，累计起来数量都会惊人。现有研究已经证实，海洋中产生大量塑料微颗粒的原因主要就是洗衣服水最后汇入海洋所导致的。

非点源污染最早在20世纪30年代被提出，60年代人们开始认识到农药使用对水体的潜在危害，特别是DDT对河流水质的影响，此后非点源污染的研究逐渐得到重视。非点源污染一经造成，直至今天还没有非常好的治理手段。例如，以美国农业非点源污染为例，波托马克河是美国东部非常重要的一条河流，流经首府华盛顿等地。1965年该河受到了大范围的污染，湿地和河流被推土机推平、填埋和破坏，藻类和垃圾泛滥，林登·贝恩斯·约翰逊总统称波托马克河为"国家耻辱"。为保护和改善波托马克河的水质和生态环境，美国政府做出了许多努力，1977年通过《清洁水法》法案后，流域内对波托马克河的家禽饲养业造成影响的有毒污水受到政府的监管，污染物的数量得到一定程度的控制。此后，又运用企业自愿承诺的方法对污染物进行控制。尽管有政府监管和市场手段的双重运用，伴随着饲养业的扩大污水始终没能得到有效的控制。

非点源污染的管理应侧重预防，预防污染的产生。目前随着对非点源污染研究的深入和对其输移过程的广泛监测，许多污染机理模型被广泛应用，非点源污染模型与 GIS 相结合，集空间信息处理与分析，数据库建立，数学计算，可视化模拟，多维评价等功能于一身，可适用于大型流域和复杂地貌状况的超大型流域模型。污染机理的研究有助于评估非点源污染的环境风险，从而基于环境风险的大小采取相应的预防性措施。

一、禁用与替代

如果非点源污染造成的环境风险过大，不可控也无法接受的话，通常使用禁用的预防性手段，禁用是一种最严格的环境管理手段。农药 DDT、氟利昂、电子电器产品中包括铅在内的多种物质曾经被广泛使用，其中对环境影响大的物质先后被禁用。

以臭氧层破坏及其保护为例：20世纪随着各种家用电器、泡沫塑料、日用化学品、汽车等产品被广泛使用，碳氟化合物在产品使用过程中的泄露、废弃等多种向自然系统的非点源污染排放数量增多。1984年，英国科学家首次发现南极上空出现臭氧洞，人类开始意识到正是由于碳氟化合物的排放造成大气臭氧层的损耗。由于臭氧层中臭氧的减少，照射到地面的太阳光紫外线增强，其中波长为240~329纳米的紫外线对生物细胞具有很强的杀伤作用，对生物圈中的生态系统和各种生物包括人类，都会产生不利的影响。1985年通过了《保护大气臭氧层维也纳公约》，1987年，联合国环境规划署组织制定了《关于消耗臭氧层物质的蒙特利尔议定书》即《蒙特利尔破坏臭氧层物质管制议定书》（Montreal Protocol on Substances that Deplete the Ozone Layer）（以下简称《蒙特利尔议定书》），书中对8种破坏臭氧层的物质（简称受控物质）提出了削减使用的要求。这项议定书得到了163个国家的批准。1990年、1992年和1995年，在伦敦、哥本哈根、维也纳召开的议定书缔约国会议上，对议定书又分别做了3次修改，扩大了受控物质的范围，现已包括了氟利昂（也称氟氯化碳CFC）、哈伦（CFCB）、四氯化碳（CCl4）、甲基氯仿（CH3CCl3）、氟氯烃（HCFC）和甲基溴（CH3Br）等，并提前了其停止使用的时间。修改后的议定书规定：发达国家到1994年1月停止使用哈伦，1996年1月停止使用氟利昂、四氯化碳、甲基氯仿；发展中国家到2010年全部停止使用氟利昂、哈伦、四氯化碳、甲基氯仿。2016年，《蒙特利尔议定书》缔约方以协商一致的方式通过了限控氢氟碳化合物的《基加利修正案》，这是继应对气候变化的《巴黎协定》后又一里程碑式的协议，开启了协同应对臭氧层损耗和气候变化等全球性环境问题的历史新篇章。

氟利昂是一种常用制冷剂，氟利昂R11、R22被禁用后，各种替代制冷剂将被研发，如R134a，R404a，R407f等。这些替代的制冷剂尽管破坏臭氧层的潜能值（ODP）是氟利昂的几十分之一，但是全球变暖系数（GWP）却远远超过安全限额。《基加利修正案》给出了ODP和GWP的最高限值，目前绝大多数氟利昂替代品并不符合最高限值的要求。也就是说，目前许多替代品尽管ODP大幅下降，但GWP值过高，使用中依然会导致全球气候变暖，也需要禁止使用。

禁用是一个长期的过程，在没有合适替代品的时候贸然禁止可能会对生产和消费产生巨大的冲击和影响。无论是生产者还是使用者都不会主动提出禁用，政府乃至国际组织会基于全球或地区的环境风险，采用国际协议或者法规的形式对环境风险过高的物质进行禁用。产品禁用不仅仅涉及使用端，更包括其上游的生产端。

首先，如果确定禁止特定的产品，就必须研发可以替换的产品，研发对于企业既有可能抢占竞争优势，也可能存在巨大风险。例如，为适应欧盟的 RoHS 指令，索尼公司研发可以替代传统焊料 Pb-Sn（60-40）合金的无铅焊料。1999 年，索尼公司宣称研究出新型焊料，该焊料的组成包括 Sn（93.4%）-Ag（2%）-Bi（4%）-Cu（0.5%）-Ge（0.1%），新研发的替代品可以很好地替代铅焊料，但这种新型焊料存在潜在的制约。第一，如果该焊料真的替代了原来的铅锡合金，将导致全球的 Bi 的用量增加89%，Ag 的用量增加11%，Ge 的用量将增加103%，但是这三种原料的名义耗竭时间（即不考虑价格和储量变化）都小于20年，且近期没有替代材料。第二，Bi 是铅的伴生矿，开采 Bi 就意味着开采铅矿，铅除了有毒性之外，名义耗竭时间只有20年。第三，Ge 是锌的伴生矿，锌的名义耗竭时间是19年。因此，如果从资源的可获得性看，索尼公司替代材料的研发是失败的。

其次，替代不仅需要技术的可行性更需要经济的可行性。替代品往往具有一定的环境优势，但是，无论是技术还是生产规模方面与原来的产品相比都不具有优势。政府在替代初期多采用补贴的形式，尤其是针对产品予以环境补贴，可以弥补技术和规模上的竞争劣势，促进产业的成熟。替代不仅涉及产品的消费端更涉及上游的生产端，生产企业在替代技术成熟的条件下，出于经济效益的考虑也未必一定采纳新技术。针对被禁止产品征收高额的环境税提高其价格，降低其市场竞争力，如美国对氟利昂征收高额的环境税，导致氟利昂的价格远高于替代品，是政府运用税收手段降低其市场竞争力，加速淘汰与替代进程的重要表现。此外，这种国际协定的全球范围内的禁用往往会通过协商机制，协商各协议国的禁用时间进程和关键节点，以便在差别化待遇的基础上保证公平。

最后，人类认知是一个不断深化的过程。由于生产和消费造成非点源污染的环境本质问题得到了深入研究，原来没有意识到的环境风险被进一步揭示。当环境风险无法被接受或者没有很好的办法控制时，只能采用禁用并逐渐替代的方式控制非点源污染。禁用的手段不断被采用，最近欧洲议会通过决议决定从2021年起开始禁用一次性塑料制品，在禁用过程中餐饮业使用的一次性汤勺、餐叉、吸管、盘子，消费者使用的一次性食品袋、包装袋，以及香烟滤嘴、钓具、渔网等塑料制品的回收费用均由生产者承担，促进从生产领域尽快为一次性塑料研发替代产品。

禁用往往是一种不得已而为之的手段，已经被广泛使用的产品一旦不允许使用需要付出巨大的经济代价。为了更好地降低环境风险，应该配套制定产品的环境标准。目前我国的环境标准最主要的两大类就是环境质量标准和污染物排放标准，都是针对点源的管理控制，以环境为目的而制定的标准。一旦产品造成环境损害，弥补损害所付出的经济代价是巨大的。产品环境标准是以产品的环境风险在可接受的程度或者有适当的方法控制风险为目的而制定的标准，产品环境标准采用预防的手段，以其内在的规范作用，对生产企业进行有效的引导和规范，对产品生命周期全程监控，利用这些标准进行产业的引导和产品的市场准入，避免人为的失误，最大程度降低环境风险。

二、改变生产模式

农业是国家的根本，农业生产不仅要保持农业生产力的可持续性，还要关注农业环境污染和农业生态环境问题。近年来，农业的非点源污染已经超过工业的点源污染，成为最重要的污染源之一。农业污染包括生活污染和生产的污染，如生活污水处理设施滞后，导致各种生活废水以非点源形式直接进入自然生态系统；化肥、农药以及地膜污染危害加剧，导致土地生产力退化的同时还威胁人身健康和食品安全；畜禽粪便污染呈加剧趋势，农作物秸秆焚烧或废气污染严重。

农业污染是典型的非点源污染，控制污染需要改变农业的生产方式。一家一户的小农式作业不利于先进技术的利用和降低生产成本，推进标准化和规模化的农业生产方式不仅有利于提高农业生产力，同时也可以有效控制农业生产和生活的非点源污染。

我国农业生产还远远未达到标准化、机械化和规模化，农民个体按照经验和感觉种植和养殖，为保证农产品的产量往往过量使用化肥和农药等，所以生产过程中的环境污染产生的点多、分散而且时间周期较长，污染控制的难度特别大。农业污染不应仅从污染控制的角度去控制，而应该与提升农业系统的投入产出效率综合考虑。农民抗市场风险能力弱，往往造成农民丰产不丰收的低效生产，农药化肥的不当使用，不仅对环境造成损害也增高了农民的生产成本。将农民与基地、企业连结成经济利益共同体，经济利益与环境效益统一协调，就能充分调动农民按照标准化的生产模式作业，大大降低环境污染程度。例如，棉花是一项极其重要的农产品，棉花种植过程中不仅消耗大量的水，同时为防止害虫也需要多次喷洒农药。农业部组织制定并实施了良好种植规范（Better Cotton Initation，BCI），针对棉花的自然特性进行浇灌和施药，按照良好种植规范种植的棉花不仅用水量和农药用量减少，而且棉花的品质得到保障，农民得到了真正的经济收益，也愿意改变生产方式。

【案例分析】

广西贵港的支柱产业是制糖业，其经济的一半以上与制糖工业有关，甘蔗生产是全市农业生产的基础和主导产业，每年入榨甘蔗3000多万吨，制糖过程中产生废糖蜜100多万吨，蔗渣约330万吨。废糖蜜可产酒精20多万吨，但同时产生酒精废液310万立方米。农民一家一户种植甘蔗，含糖量不均衡，下游的大多数制糖企业规模小，出糖率低，90%以上的糖厂产生的酒精废液未经处理就直接排放，副产品不能综合利用。农业和制糖业的污染问题一直未能得到有效解决。但是通过对制糖过程中产生的废液、废渣的循环利用等一系列措施的实施，贵港建立了完整的产业链条，于2001年8月成立我国第一个生态工业示范园，见图7-7。

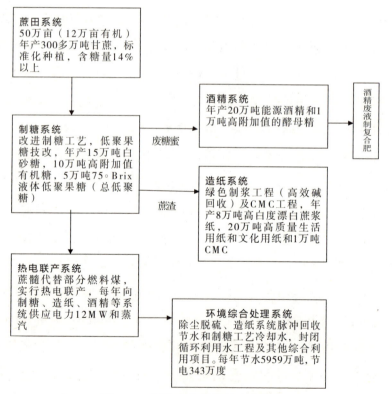

图7-7　贵港生态园区的产业链条

首先，将小制糖厂合并成规模企业，农民与制糖企业签署协议，标准化种植甘蔗，保证制糖原料的质量，农民以协议价获得收购，避免了农民直接面对市场波动。其次，以优化制糖业为核心，在提升产品附加值的基础上，逐渐扩展副产品和废弃物的交换网络系统。最后，酒精废液生产生物复合肥，重新返回农田，农民每年可以生产12万亩有机甘蔗。

近几十年，生态农业的概念被提出并逐渐得到重视，1971年，美国密苏里大学土壤学家 W.Albreht 首次提出了生态农业的概念。他认为应该充分利用农业系统的自然生态特性，通过增加土壤腐殖质，建立良好的土壤条件，可以不用农药来防治病虫害。施用少量化肥对恢复土壤肥力和作物的生长有好处，并不会对环境造成不良影响。1981年，英国农学家 M.Worhtington 将生态农业明确定义为"生态上能自我维持、低投入，经济上有活力，环境方面或伦理方面以及审美方面不产生大的和长远的以及不可接受的变化的效应农业系统"。德国生态农业的要求是：

（1）不使用化学合成的除虫剂、除草剂，使用有益天敌的或机械的除草方法；

（2）不使用易溶的化学肥料，而是有机肥或长效肥；

（3）利用腐殖质保持土壤肥力；采用轮作或间作等方式种植；

（4）不使用化学合成的植物生长调节剂；控制牧场载畜量；

（5）动物饲养采用天然饲料；

（6）不使用抗生素；

（7）不使用转基因技术。

生态农业的发展离不开政府的支持。世界各国也大多制定了鼓励生态农业发展的专门政策。例如，《欧洲共同农业法》中有专门条款鼓励欧盟范围内的生态农业发展；澳大利亚已于20世纪90年代中期提出了可持续发展的国家农林渔业战略，并推出了"洁净食品计划"；奥地利于1995年实施了支持生态农业发展的特别项目，国家提供专门的资金鼓励和帮助农场主的经营向生态农业转变；法国于1997年制定并实施了"有机农业中期计划"。其中，生态农业发展最快的是欧盟，1986—1996年欧盟国家生态农业的面积年增长率达到30%，生态食品和饮料销售额从1997年的52.55亿美元增加到2000年的95.5亿美元。至2000年，全球194个国家中有141个国家开始或已经开始发展生态农业，全球生态农业生产面积占农业生产总面积的2%左右。

　　生态产品的市场需求旺盛，除德国外，欧洲生态食品消费较多的国家还包括法国、英国、荷兰、瑞士、丹麦和意大利，产品种类包括作物产品、奶制品、肉类、水果等。据2015年有关方面估计，全球每年生态农业产品总值达到250亿美元，其中，欧盟100亿美元，澳大利亚35亿美元，美国和加拿大100亿美元。生态农产品市场的迅速增长和强劲需求刺激并促进了农业生产方式的转型。农产品的供应链环节越来越多、链条越来越长，生产、加工、流通等诸多环节导致农产品的供给体系趋于复杂化和国际化。运用市场机制刺激生产方式的转化，就必须保证生态产品的生产过程可追溯和产品本身透明化。欧盟于1991年6月21日颁发了《关于生态农业及相应农产品生产的规定》，规定明确指出，作为生态产品的生产必须符合"国际生态农业协会（FOAM）"的标准，如产品如何生产，哪些物质允许使用，哪些物质不可使用等。生态产品在生产过程中，其原料必须是生态的，所采用的附加料，如在生产过程中必须使用，则允许部分附加料来自传统农产品，但不得高于25%。一旦使用了传统农业附加料，则应在产品中标明使用的比例，只有95%以上的附加料来自生态的，才可作为纯生态产品出售。所有符合欧盟《生态规定》的产品，允许标以生态标识。由于产品类型不同，市场上出现了许多不同的生态标识，仅德国就有100多个生态标识。统一的生态印章提高了德国生态食品的信任度和透明度，它给消费者提供了巨大的便利，也为经营者提供了机遇。

三、改变行为模式

无论是在商业还是工业领域，都可能在经济活动的过程中产生非点源污染，这些非点源污染尽管表现的形式各不相同，但均可通过管理等手段实现行为模式的转化，减少非点源污染发生的几率。例如，商业领域广泛使用的制冷剂，在超市冷冻冷藏生鲜食品的比重日益增多的情况下，其泄露问题就不能不受到关注。根据商务部《2016年零售业环保节能绿皮书》调查结果显示，制冷剂如果管理不善的话，泄漏量能达到5%，目前通用的 R134a，R407a 等制冷剂无论是 ODP（臭氧层破坏系数）还是 GWP（全球变暖系数）都在几百至上千范围，而通过有效的管理就可以大大减少泄露的几率。

消费领域的非点源污染（消耗性污染）极为典型，并且范围非常广、随机性强。从涂料有机溶剂 VOC 的挥发，各种日用化学品如杀虫剂、除草剂、芳香剂等的广泛使用，到汽车轮胎的磨损，各种服装洗涤过程中产生的微颗粒等，都以不同的途径随时随地向自然系统进行排放。

首先，减少消费领域的消耗性污染需要从生产领域着手，只有从生产源头上改变，才能控制这类非点源污染的影响，具体的措施如下。

1. 改良原料

就是指采用能够预防并在使用日常消费品时能够防止各种消耗性排放的原材料。自然海洋系统就具有自然凝结的功能，汞在鲸鱼肝脏内与硒化物结合，生成二价汞的结石，当鲸鱼死亡的时候，这些凝结物就形成了沉积物中的结石块。海洋生态系统就是这样借助鲸鱼的肝脏来排除汞毒的。人类系统也可以模拟自然系统实现，如GMP（Good Manufacture Practice）良好种植规范的中草药在种植生产过程中，为减少土壤中重金属镉的吸收引起的品质下降和对身体健康的损害，进行草药类和肾蕨类植物（较强的吸收镉能力）隔行种植，这样大大降低了中草药中的镉含量。

2. 回收利用

在干洗行业经常使用含氯溶剂，其在洗涤的过程中常常因挥发或者不能回收而产生污染。干洗设备的改进可减少洗涤过程中的挥发，将洗涤后的废溶剂回收并收集起来。美国化工巨头 Dow 化学公司最近推出了一种关于含氯溶剂的"分子租用"（Rent a Molecule）的新概念。Dow 的用户不再购买分子本身，而是购买它的功能。他们在使用完之后把溶剂还给 Dow，由 Dow 将其再生处理。

其次，消费者行为方式和消费习惯的改变，可以在一定程度上减少无组织的消耗性排放，降低非点源污染的发生几率。例如，农民焚烧秸秆是长期以来形成的习惯方式，但却增加了大量的碳排放，加重了空气污染。此外，中国传统春节燃放烟花爆竹，为故去亲人烧冥币等习俗或习惯，生活中随手丢弃废弃物、过度消费等行为也造成了一定的环境污染。改变消费者的行为方式，需要政府通过法规等手段对后果严重的行为予以规范或禁止。但是由于消费行为的多样性、普遍性和随机性，很难统一规范，所以更为重要的是通过环境教育手段使消费者获得相关的环境知识，从而形成绿色消费意识，并逐渐将其转化为绿色消费行为，实现行为方式的改变。例如，我国通过大力倡导"光盘行动"，逐渐改变了消费意识，从"打包没面子"逐渐过渡到"浪费粮食可耻"；在消费意识改变的前提下，逐渐减少剩饭剩菜，大大减少了餐饮的食物浪费。

　　最后，消费者行为改变不仅受到自身经济、心理等多种因素的影响，还受到社会周边外在环境的驱动，行为的改变并不能为消费者自身带来直接的收益，相反是一种具有社会意识和社会责任的特定行为模式。因此，这一过程的改变是一个持续改进的过程，不仅需要消费者在增强意识的基础上逐渐改善自身的消费行为，更需要外部政策的支持与教育，让消费者的社会责任转化为消费者的荣誉，激励更多的消费者不断改变行为方式。

　　同时，消费者的行为改变并不是一个单向改变，也就是说，消费者之间的行为方式相互影响，当自身的行为发生改变时往往会由于其他人的行为而削弱。例如，在北京进行的一项消费者调查中显示，近六成的消费者进行垃圾分类后会由于其他人的不分类而降低分类意愿，甚至重新不分类。从一种已经成型的模式向另一种模式的行为转化是一个长期的过程，短期集中式环境教育会在一定程度上加大改变行为模式的可能性，但是如果不能固化行为转化，还可能回到原来的模式。

第八章 生态文明建设系统下的环境管理发展趋势

生态文明建设是中国特色社会主义事业的重要内容，关系人民福祉，关乎民族未来，事关"两个一百年"奋斗目标和中华民族伟大复兴的中国梦的实现。党中央、国务院高度重视生态文明建设，先后出台了一系列重大决策部署，推动生态文明建设取得了重大进展和积极成效。但总体上看我国生态文明建设水平仍滞后于经济社会发展，资源约束趋紧，环境污染严重，生态系统退化，发展与人口资源环境之间的矛盾日益突出，已成为经济社会可持续发展的重大瓶颈。良好生态环境是最公平的公共产品，是最普惠的民生福祉。加强生态文明建设、加强生态环境保护既是重大的经济问题，也是重大的社会和政治问题。

继党的十八大和十八届三中、四中全会对生态文明建设做出顶层设计后，2015年中共中央、国务院印发《关于加快推进生态文明建设的意见》。生态文明建设作为统筹推进"五位一体"总体布局和协调推进"四个全面"战略布局的重要内容，通过开展一系列根本性、开创性、长远性工作，提出一系列新理念、新思想、新战略，使生态文明理念日益深入人心。污染治理力度之大、制度出台频度之密、监管执法尺度之严、环境质量改善速度之快前所未有，推动生态环境保护发生历史性、转折性、全局性变化。环境管理作为生态环境保护的最重要手段和方法之一，必须通过改进和完善原有的管理体系以适应生态文明建设的迫切需要。

第一节 社会经济系统的绿色发展是生态文明的必然要求

生态文明建设的五个体系——生态文化体系、生态经济体系、生态文明目标责任体系、生态文明制度体系和生态文明生态安全体系，是生态文明的主干体系，其中生态文明经济体系是以围绕产业生态化和生态产业化为主体展开。生态文明建设下的经济体系是一个高质量发展的经济体系，产业生态化意味着国民经济发展中的众多产业不断减少外部不经济性的影响，逐渐实现产业的绿色化和生态化；而生态产业化意味着伴随着社会经济发展的转型和社会经济结构的变化，许多新兴的绿色产业应运而生，这些产业更有利于经济系统与自然系统的相互协调，延长产品在经济系统内发挥作用的时间，有利于再利用（Reuse）和再循环（Recycle）。无论是产业生态化还是生态产业化都必然要求绿色发展的转型。

现有经济体系还基本处于线性经济模式，物质资源的循环利用率低，直接导致对资源的依赖程度和污染程度偏高。线性经济模式具有不可克服的自身缺欠，也就是说，经济越发展对生态环境的破坏和压力就越大，与生态文明建设背道而驰。生态文明建设的五大体系都是以不同程度围绕着如何协调经济发展与生态环境的关系展开的，协调发展与环境的关系就需要改变固有的经济模式，从线性经济向循环经济转化，循环经济能够克服线性经济的缺欠，更好地实现经济发展与环境保护一致性。从线性经济向循环经济的转化就是逐渐实现绿色发展的过程，绿色发展是生态文明建设的必然要求。

一、绿色发展转化是一个长期的过程

原有发展模式下的环境成本负担远远不足以体现生态环境的价值，社会福利损失过大，导致有了"金山银山"失去了"绿水青山"。绿色发展是生态环境与经济发展的双赢模式，不仅拥有"金山银山"更要拥有"绿水青山"。绿色发展意味着在整个经济系统的生产领域和消费领域均需要全过程的环境影响最小化预防，不仅涉及生产领域同时也涉及消费领域；不仅关注企业的环境污染状况以及合规性，更要关注企业如何持续改进其环境影响；不仅控制环境影响的每个点，而且要从整个系统的角度协调如何实现环境影响最小化。绿色发展不仅涉及经济模式的改变，在经济利益分配变化的格局下社会关系也将发生变化。

绿色发展是一种创新性发展模式，意味着原有的经济模式下的利益相关方权利、义务以及利益分配都将发生变化。生产领域的企业仅仅依靠符合国家法律法规标准的要求实现达标排放绝对称不上是绿色生产，企业将其外部不经济性内部化体现在其生产和产品的全过程污染预防，通过技术创新和过程管理实现污染物最大化的削减，产品的绿色化设计、清洁生产、清洁能源、企业环境管理体系的完善等促进企业持续改进。消费领域也逐渐实现绿色消费的转化，消费者已不单是环境质量的承受者，同时通过自身消费行为的改变减少环境影响。

绿色发展是整个经济系统的变革，不是某一领域、某一环节的改善或控制，其本质就是将整个经济系统的各项活动外部不经济性内部化，政府主导赋予环境要素经济价值和社会价值，通过经济活动的主体——企业和公众的效益最大化体现。凡是有利于环境的经济行为被赋予正向的经济价值和社会价值，反之，损害环境的行为被赋予负向的经济价值和社会价值。在此导向下，企业和公众为了实现自身利益的最大化，需要不断减少自身经济活动对环境产生的外部不经济性，从而实现经济发展与环境之间的协调一致最大化。

　　绿色发展是一个长期的、持续改进的过程。首先，环境具有典型的公共物品属性，在没有政府的有效规制前提下，任何企业和个人都不会主动将自身的外部不经济性内部化。所以，在20世纪70年代的世界环发大会上，首次提出人类要发展，发展的最重要基础之一是自然系统的物质支撑，必须通过环境管理的手段来协调发展与环境的矛盾，政府是环境的代言人，有权利也同样有义务实施政府管制。但是，管制目的在经济发展的过程中发生了巨大的变化，从单纯的污染物排放控制到行为过程的管理；从点源污染向点源和非点源的多重控制；从生产领域向生产与消费全社会转化等。绿色发展下的政府管制目的改变，也必定意味着政府管理的范围、方法手段等随之调整，这种调整是长期的、渐进的也是不断试错和提高效率的过程。

　　绿色发展的前提是意识行为的转化。无论是生产者还是消费者，在现有的发展模式下对自身环境行为所造成的社会福利损失都没有足够的认知和自觉性。生产企业多数基于符合国家和地方法律法规及标准的要求，但对于自身的清洁生产和环境管理体系的完善还缺乏足够的动力，环境影响不能仅仅体现在污染物排放数量这一环境影响结果，更为重要的是过程管理与控制——自身的生产过程，供应链上下游的过程控制以及所提供产品和服务的过程与控制，只有生命周期的全过程改进才能逐步实现绿色生产。绿色消费也同样需要消费者的意识转化。绿色消费和绿色生产的转化路径不尽相同，绿色消费的转化更多是基于消费者绿色意识的提升：选择购买对环境有益的绿色产品，需要额外支付的经济费用并不能给消费者自身带来直接的经济收益，相反是一种社会责任的购买行为，没有足够的环境意识和社会责任不会为看不见的共同的社会福利支付经济成本。同样，消费行为的改变可以在很大程度上减少消费的环境影响，消费者的行为改变首先是消费意识的改变，不可能像限制生产行为那样约束消费行为，所以更多的应该是通过环境教育培养全民的环境意识，让更多的消费者意识到自身的消费行为与环境密切相关，关注环境并愿意为环境改变自己的行为方式。

绿色发展是一个持续改进的过程，而不是一个结果，随着社会经济、技术不断发展，管理体系的不断完善，经济发展与环境之间原有的问题通过系统优化得以解决，同时也会不断出现新情况、新问题。绿色发展是伴随经济发展和环境管理理念的不断深化而不断改进、不断深入的发展过程。

二、监管的漏洞增加逆向选择的风险

绿色发展要求社会经济系统的各行为主体均承担应负担的环境责任与环境成本，无论是企业还是消费者承担环境责任都需要付出环境成本还不会获得直接的经济收益，因此必须制定各自承担环境责任的底线。只有明确环境责任底线，企业和消费者才会付出环境成本承担环境责任。政府是环境代言人，也是环境责任的确定者，作为公共管理者政府需要更具发展的目标和发展的路径，通过制定一系列环境法律、法规、标准来确定环境责任的底线。

在环境法规和标准没有规范到的范围，企业和消费者的行为不受限制。随着绿色发展从理念到实践，我国各级政府也在不断加大立法和标准的力度，构筑法规标准体系，不断完善管理的范围和内容，只有建立健全法规标准体系才能真正体现在经济行为互动中应该而且必须承担的环境责任。无论是生产还是消费经济活动，其形式都是复杂的、多样性的，而且伴随经济的发展其行为方式和形式都可能发生变化，因此，法规标准体系不是一成不变的，是需要根据经济发展的需要进行调整、改进和完善的。绿色发展是一种创新型发展方式，与以往任何时候的发展方式都不相同，也必定意味着环境责任的承担方式与以往不同，需要根据绿色发展的需要制定出更适合、更有利于发展转型的法规和标准体系。

法律法规标准体系的完善仅仅是承担环境责任的必要前提条件，没有政府的严格监管，企业和消费者也同样会不遵守。增大环境违法成本，才能构建企业和消费者的守法底线。企业环境违法成本包括由于不遵守法规标准受到监管部门处罚产生的直接违法成本和由于环境违法而造成企业的社会声誉和品牌价值受损而产生的间接违法成本。

许多研究者和管理者非常关注环境的直接违法成本，这部分成本与政府监管力度直接相关。监管严格的条件下，更多企业遵守环境法规；但这时的管理成本也会大幅提高。因此需要改变政府企业之间的双方博弈管理模式，引入 NGO 和公众等利益相关方，实现多元博弈，NGO 和公众的参与监督将大大降低政府监管的成本，实现多方共赢。

随着市场经济机制的完善，对企业而言，间接环境违法成本的损失远远超过直接的违法成本。企业由于环境违法造成企业社会声誉和品牌价值的损失远远超过政府给予的处罚。例如，江苏盐城响水化工园区的化工企业突发爆炸事故引发环境损害，经媒体报道后直接引发一系列的社会反应。企业在经营过程中除了上述的突发性环境风险外还有长期低浓度污染的环境风险，这两种风险的危害程度实质上后者远高于前者。突发性环境风险是由于偶发事件导致的意外性失控，该风险通过控制发生几率就能降低风险水平，但是往往更容易吸引人们的眼球，引发公众的高度关注。长期低浓度污染的环境风险是企业生产过程中存在的长期风险，这种风险往往容易被忽略，但实际风险水平非常高。对于低浓度污染的环境风险控制需要政府、公众全社会的监督，企业环境信息公开是降低该种风险的有效手段。

企业环境信息公开不仅公开企业的环境守法合规等最基本信息，更为重要的是公开其生产过程中环境管理体系的构建、污染预防措施、对其产品及其供应链的控制等。伴随企业的环境信息公开，企业为环境所付出的经济成本直接展现在公众面前，企业环境收益（无论是环境违法还是环境改进）都通过市场机制体现，一方面加大了企业间接环境违法成本，另一方面也放大了企业的间接环境收益。因此，绿色发展客观上要求企业逐渐公开环境信息，运用市场机制反馈促进企业改善环境行为。

无论是环境违法的监督还是市场机制的运用，都离不开政府环境规制的严格基础。如果政府监管有漏洞，不仅企业可能会钻执法漏洞的空子，更为严重的后果是破坏了市场竞争的公平性：企业不守法反而获得竞争优势，就会有更多的企业仿效，出现劣币逐良币的逆向选择风险。

三、绿色生产围绕将企业的环境效益转化为企业自身的利益

企业的生产行为会带来外部不经济性，通常政府会通过设定环境标准要求企业将其部分外部不经济性内部化（企业环境成本），而没有内部化的那部分则作为整个社会的福利损失（社会环境损失），没有社会福利损失就没有发展的空间和平台。在经济发展的初期，社会的福利损失大些，企业承担的环境成本小些，也就是环境标准相对比较宽松；当经济发展到一定阶段后，则需要逐渐提高环境标

准，企业负担更多的环境成本同时逐步减少社会福利损失。生态文明建设需要经济发展与生态环境最大的和谐，必定要求不断减少社会福利损失，要求企业承担更多环境成本。

企业承担环境成本最有效的办法就是通过绿色生产降低污染物边际成本曲线，但是也会随着环境标准的提高单位削减成本不断提高。在政府监管严格、企业必须环境守法公平的前提下，企业需要提高自身的经济效率，经济手段的运用有助于企业提高效率。无论是庇古手段的环境税收、环境补贴还是科斯手段的排污权交易，以及金融、保险、信贷等多种经济手段的背后，都是政府赋予环境合理的经济价值，这样企业才能将环境效益转化为企业自身的经济利益。如果环境保护税税率过低，企业很难有足够的积极性投资于污染减少的技术和管理上，因为环境投资产生的收益过低；相反，合理的环境税率，让企业在缴纳环境污染税和减少污染之间选择时，减少污染的收益更大则企业一定会主动减少污染。同样，我国实施的碳排放交易是一种典型的排污权交易，目前火电厂的边际递减成本已经非常高，如果扩大碳交易的行业范围，则火电厂可以以更低的成本从其他行业购买碳排放权，提高整个社会碳减排的经济效率。经济手段可以提高企业的经济效率，用最小的经济成本实现最佳的环境效益。

企业环境效益可以实现的不仅是企业的经济效益，还有企业的品牌效益。利用市场机制让消费倒逼生产，放大企业的环境行为后果，促进企业不断改善环境行为。

四、绿色消费的转化需要打通经济系统的物质循环途径

消费领域的物质以产品为形态平台载体，实现其效用，并在产品失去使用效用后废弃且被进入自然系统或者重新回到生产领域。产品在消费领域并不会发生任何形态的变化，从产品生命周期来看

仅仅是从生产领域到消费者手中的位置移动（消耗能量）、使用阶段的效用发挥以及在最终废弃阶段产品从消费者手中重新回到自然系统（废弃）或生产领域（再利用、再循环）。

目前大多数的绿色消费均集中于消费者个体的意识行为方式的转化，绿色消费的转化最终的确是由消费者实现，无论是采购对环境有益的绿色产品还是消费过程减少环境影响都必须基于消费者绿色消费行为意识的增强，不仅意识到自身的消费行为与环境密切相关，而且愿意为环境付出经济成本、时间成本。但是，消费者个体的绿色消费行为实现还取决于绿色生产，绿色生产与绿色消费相互作用，紧密相连。

从消费领域的物质流分析，绿色消费首先必须实现物质减量化，而物质减量化需着眼于生产面的物质投入（M）和消费面的使用效用（U）增大两个角度。

生产面投入降低和消费面使用效用的增大可以最大限度实现消费领域物质减量化。当进入到消费领域的产品完成使用功效后，物质流的流向如果直接进入自然系统就会产生大量废弃物，如果能够回到生产领域实现再利用和再循环就可以减少自然系统向生产领域的物质流输入，降低对自然系统的依赖程度。因此绿色消费的重点之一是如何让消费领域的各种失去使用功能的产品重新回到生产领域，再次实现其功能价值。

从消费领域的各个零散消费点将产品重新汇聚到生产领域的过程，不仅需要消费者行为的改变，更要打通逆向物流系统。废弃产品能够再生利用，原材料上与自然资源具有可替换性，也就是说，如果再生材料价格高于自然资源材料，生产企业会优先利用自然资源。废弃物的本身价值不高，但是附加的物流成本会大大增加废弃物的价格，因此实现绿色消费就必须打通逆向物流。而逆向物流不是某一个企业或行业能够实现的，政府为了实现物质能够真正得以循环就必须打通逆向物流，让物流渠道畅通、高效，降低废弃物回收的经济成本和时间成本。

第二节 环境管理公共职能的转化与完善

一、环境管理目标与行为人之间的矛盾

环境管理的对象是环境要素，利用法律、行政、经济、技术和教育等多种管理手段保证环境质量的有效性，环境具有典型的公共物品特性，因此环境管理本质上是以社会福利最大化为目标的公共管理。无论是生产还是消费行为外部不经济性普遍存在，都会以不同的方式、不同程度损害环境质量，与环境管理的目标不一致。

环境作为公共物品，产权的不完全特性导致所有的人都可以占有但却不能完全拥有，政府作为环境产权的代言人是环境管理最基本、最核心的主体。政府作为环境产权的代言人为了最大程度地保证环境质量和公共福利损失最小化，首先必须限制所有环境行为人的外部不经济性，从而保证社会的公平性。环境损害是由于生产或消费活动具有的外部性，生产者和消费者都是经济人，追求自身利益的最大化。环境行为人的利益最大化与社会福利最大化之间存在着客观的矛盾：行为人利益最大化必然会加大社会福利的损失，不能实现社会福利的最大化；同样，为了保证公平实现社会福利的最大化就不能允许环境行为人自身利益的最大化。

管理者的目标与被管理者的目标不具有一致性，客观上造成了环境管理成本的上升：管理者为了达到环境管理的目标需要限制环境行为人造成的外部不经济性，而行为人内部化其环境成本的过程

并不会带来或较少带来直接的经济收益。从主观上行为人是被动的，为保证所有行为人都能够按照管理要求一致化行动就必须要求管理者强化监管，无论任何国家经济发展后都会强化监管，政府的有效监管是环境管理的基础。没有有效监管，经济手段或市场机制都无法发挥其应有的作用。经济越发展，经济活动越频繁，无论是需要规范的范围还是监管的对象都不断增加，客观上造成了环境管理成本的上升以及管理效率的下降。

二、环境管理的目标实现依赖利益相关方的行为转化

政府作为环境管理的核心主体是必要的，基于公平的管理有时会降低效率，有违经济发展的初衷。为了兼顾公平与效率，仅仅依靠政府进行环境监管是不够的。经济活动的生产者主体承担多重角色，既是环境损害者同时也是环境损害的受害者，在过去很长一段时间内，环境管理侧重强调其环境损害者的角色，而忽略其受害者的角色，这主要是因为其行为造成的环境损害直接可见而受害的结果往往是多重的、长期的和不确定的。

生产者既然也是环境损害的受害者，就与环境管理的公共福利损失减少有利害关系，企业作为生产主体可以作为环境管理的主体之一，以弥补经济效率的损失。企业的本质是追求自身利益的最大化，为了让其主动、自愿减少环境外部经济性的损失，必定在此过程中能够增加企业的收益。经济手段的运用可以降低企业环境成本，市场机制的运用大大增加企业的长期收益和品牌价值。绿色生产贯穿全生命周期，在不同生命周期阶段生产者的责任与收益不仅是相同的，而且增加生产者的收益与提升生产者作为环境管理主体的积极性是一致的。企业减少环境损失并不会直接导致企业的收益增加（无论是环境成本的下降还是品牌价值的提升），只有政府赋予环境

以合理的经济价值才能转化成企业的收益。

同样，长期以来的环境管理重生产轻消费，消费者往往被视作环境损害的受害人，而在环境行为中的环境损害者角色没有得到充分重视。消费行为的外部性没有有效控制，许多消费行为造成的环境污染是非点源污染，进一步加剧了行为的严重性。绿色消费不仅是理念，更是消费行为方式的转化，行为方式的转化不但减少环境损害同时也会增强消费者的荣誉感和社会责任感。消费者的行为转化不是自动形成，而是需要政府的舆论引导、教育，逐渐培养其绿色消费意识，并逐渐降低绿色消费的时间成本，才能让消费者真正参与环境治理的体系。

以企业（生产者）作为主体，NGO 和公众（消费者）共同参与的环境治理体系离不开政府的主导作用，没有政府的主导就不会有环境治理体系的健康运行。伴随环境管理的二元管理体系逐渐向多元管理体系的过渡，政府公共管理的职能也必然随之变化和调整。政府不仅需要强化环境规制的监管，同时需要调动其他主体的能动性。因为绿色生产和绿色消费都是过程的改进，而不仅仅局限于最终的环境结果本身，任何的过程改进均来自自身内部的改变，政府监管无法实现。生产者和消费者的行为过程改变必定伴随成本收益的变化，政府赋予环境的合理价值才能奠定过程改变的必要外部条件。

第三节　提升政府管理水平和管理效率

一、部门管理向综合管理的转化

长期以来，中国环境管理面临实践困境的"双重考验"：环境管理研究没有形成自己独特的研究范畴和话语体系，而管理实践的部门化和专业化导致管理实践往往以问题为导向，看似解决显示我国中最紧迫、最直观的环境问题，但往往缺乏全面观察和深入剖析环境管理制度、经济发展制度与环境问题本身的相关关联度，导致环境管理碎片化、空心化，难以解决当前复杂多变的环境问题。

我国的环境管理一直存在着重生产轻消费、重结果轻过程的问题，环境管理过去侧重工业点源的污染排放控制。工业点源污染强度大、分布广，进行控制是必要的，但也是不充分的。生态文明的经济体系是以产业生态化和生态产业化为核心展开的，也就必定要求经济发展的绿色转型，绿色生产和绿色消费是沿着经济系统全过程的改进。简而言之，在所有的环节生产和消费都存在着环境改进的空间和机会，但是客观理论上的能够改进和真正实施具有较大差距，将理论上的可能性真正转化为实际社会经济生活中的可操作，不能缺少政府的主导，促进绿色发展的环境管理不是在某一领域、某一环节，而是涉及整个社会经济系统的协调。

高效实现环境目标，提供优良的生态环境公共物品，是环境管理的首要核心任务。部门的管理无法实现未来环境管理的职能，部门管理逐渐向职能管理和综合管理过渡是绿色发展的客观必然要求。以社会经济系统与自然生态系统的协调优化为目标，沿着产品生命周期的全过程阶段，进行过程管理与优化。无论是生产过程的主体——企业还是消费过程的主体消费者——公众都需要在环境过程的改进中发挥主体的作用，企业和公众的广泛参与都离不开政府的主导，没有公共管理制度的合理设置，企业和公众无法发挥应有的作用。政府不仅需要对所有经济活动的外部性予以约束和监管，同时还需要激励环境管理的各个主体能够发挥作用，因为涉及各个领域和环节的过程管理是政府监管无法完全触及的。原有的部门管理模式局限凸显，每个部门都有管理职能但却无法承担完整的管理职责，客观上降低了环境管理的效率。从部门管理逐渐向职能管理转化，有效克服管理部门之间的协作难题，才能真正适应绿色发展模式的转变要求。

二、环境管理的短期效益与长期效益的平衡

所有环境问题的产生背后都具有极其复杂的原因，同时环境问题凸显具有时间后置性和长期累积性。当环境问题出现时，一定是各种生产和消费活动复合叠加并在之前较长时间内累积的最终结果。针对生产过程污染物的末端控制是对经济活动结果的管理，这种管理往往针对具体点源在特定时间段的管理，短时间内的成本和社会福利损失可以很容易评估，但实际上长期的环境风险以及可能产生的环境损失并不容易确定，所以，在经济发展到一定阶段后，才会逐渐显现各种问题。

环境管理不能只关注短期的环境效益，还需要关注长期的环境效益，高效的环境管理要求更高的投入产出，即如何实现较少的政策执行成本、实现较大环境效益和社会福利损失最小化。以江苏响水化工园区为例，始建于2002年的园区内在爆炸前，围绕石油化工、盐化工和生物化工三条主产业链有多家上市化工企业，有多家纳税超千万的化工企业。2019年4月4日，盐城市决定彻底关闭响水化工园区，在不到20年的时间内，园区从建立到关闭伴随着大量社会财富的浪费。各地在绿色发展的大背景下，提出各自产业发展政策，地方政府为了规避环保风险，往往选择绿色产业，多数选择新能源汽车、光伏发电、物联网等作为发展目标。在没有考虑自身发展的客观前提下，一味求同发展绿色产业的深层背景是过度关注短期环境效益的表现。作为国民经济不可或缺的化工产业，即使盐城化工园区关闭，基于市场和消费的需求也必然会在其他地区进行生

产和设立园区，短期的环境效益并没有真正解决环境问题，也不是真正意义上的绿色发展。

绿色发展短期环境效益和长期环境效益的兼顾，需要减少社会成本的浪费和低效投入，也就是说，产业升级与产业结构调整并重。针对重污染、高能耗的产业需要深入分析，是否是经济社会必要的产业、是否可以通过产业升级减少环境影响，否则就会出现仅仅考虑眼前的短期收益而忽略长期收益的情况。

三、环境管理政策有效性的分析与评估

生态文明建设呼唤绿色发展，而绿色发展涉及全社会经济领域和过程，各种环境政策出自不同的部门、不同的地区，为了改进生产和消费的环境影响，会从各自职能管理目标出发去制定各种政策。政策的制定角度不同、目标不同，而且具有各自的独立性，但是所有的政策最后都会在一个社会经济系统中运作，最终的实施效果不仅取决于政策本身，更要重要的是与其他政策的协调性以及在系统内的运作。任何一项公共政策都会产生多重的效果，有预期的效果也可能有非预期的效果，有正向效应也可能有负向效应，公共政策一旦实施，其产生的社会后果远远超过任何一项私人政策。环境政策的预评估和后评估机制的完善有利于保证公共政策的有效性。

环境管理作为一门独立的研究领域范畴，在我国没有足够的话语权和学术地位，导致许多的环境管理研究还偏重于技术管理，缺乏系统的经济学和社会学分析，对环境管理实践的理论支持不足。环境管理属于社会科学范畴，以社会实践为基础、以解决社会问题为导向。绿色发展是新兴理念，从理念到真正在社会实践中落地需要环境管理等理论的支撑，环境管理的理论伴随社会实践的创新需要不断深化和完善。

附 录

大湾区政府、企业和公众的环境管理创新案例
——清洁生产的技术创新和扩散机制

"粤港清洁生产伙伴计划"（以下简称"伙伴计划"）是一项由香港特别行政区环境保护署与广东省经济与信息化委员会联合开展的计划，最初于2008年4月启动，旨在向珠三角地区的港资企业提供专业咨询和技术支援，鼓励和协助他们采用清洁生产技术、实行节能及减少污染物排放的作业方式，从而改善区域环境质量。2009年，基于"伙伴计划"，粤港两地补充推出了"粤港清洁生产伙伴标志计划"（以下简称"标志计划"），向积极参与"伙伴计划"的企业颁发标志证书。作为"伙伴计划"的后期部分，"标志计划"目的在于激励企业实行清洁生产技术改造，有机会成功申请并获得标志所带来的商业推广效益。这一项目最初设计时长为5年，由香港特区政府一次性拨款9300万港元，自实施后一直得到粤港政府、企业和环境技术服务供应商等各界的广泛参与。鉴于"伙伴计划"的实施产生了良好的业界反馈、社会反响和环境效益，香港特别行政区环境保护署分别在2013年、2015年继续投入资金，延长计划的时限。

截至2015年3月31日，前两期"伙伴计划"结束时已批准的企业资助项目超过2400个，举办的技术推广活动近390次[①]。在新一轮的"伙伴计划"中，政府的主要目标依然是通过给予生产企业一定程度的资金补助，激发企业对内部进行清洁生产评估和使用清洁生产技术；与前两期稍有不同的是，本期"伙伴计划"不仅提高了补助资金的额度，而且增加了针对各行业工商协会的宣传推广活动支持，有了更广泛的社会参与（如图1所示）。

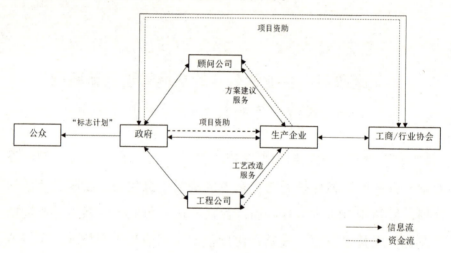

图1　"伙伴计划"（2015—2020年）中的利益相关方

政府作为"伙伴计划"的设立和组织机构，一方面向申请项目成功的厂商和行业协会提供资金支持，另一方面承担了其他利益相关者的信息管理，如通过"标志计划"向社会公布积极开展清洁生产的企业名单、审核环境技术服务供应商（顾问咨询类和工程改造类）的专业资质等。港资生产企业是"伙伴计划"的主要参与者，根据自身的需求可依照"伙伴计划"规定的不同程序提交申请，获得特定类别项目的资助，进而开展实地评估、示范项目或成效核实

---

① 　GovHK 香港政府一站通 . 清洁生产伙伴计划 [EB/OL].GovHK 香港政府一站通 .

服务这三类清洁生产项目①。改造成功的企业还可进一步申请"标志计划",在标志颁发的有效期内可用于商业宣传、提升企业形象,并有利于企业申报其他清洁生产鼓励政策的优惠待遇。环境技术服务供应商向有关政府部门("香港生产力促进局")申报并获得的行业规范被认可后,被分类为顾问类公司或工程类公司,分别可为申请"伙伴计划"的企业进行实地评估、提出改善方案备选项,或提供具体的技术指导、改进实际的生产工艺,根据所提供的服务最终向企业收取费用。粤港两地的工商业协会、行业协会等自"伙伴计划"启动之初就显示出向业内进行积极宣传推广的态度,在本期"伙伴计划"(2015—2020年)中,从资金层面得到了政府的进一步支持。协会促进清洁生产的主动性有利于其获得更多的技术信息,在行业内实践的成果可作为案例和经验再反馈给政府。消费者在"伙伴计划"中更多的是企业厂商信息结果的接收者,他们并没有直接参与到"伙伴计划"的项目中,但当"标志计划"的企业名单被公布时,公众通过媒体宣传等途径对这些企业有了正面的认知印象,从而在将来的购买决策中可能会成为重要的影响因素。

目前"伙伴计划"将予以资助的项目分为三类:实地评估项目、示范项目、机构支援项目(详见表1)。其中前两类针对的是港资生产厂商,根据企业意愿、需求和规模等不同可以在二者间选择;后一类的申请资格对象是行业工商协会,是新增的项目类别。

---

① 新一期的"伙伴计划"中没有设立成效核证项目。

表 1 "伙伴计划"（2015—2020 年）资助项目分类

项目类别	资金费用	完成时间	主要内容
实地评估项目	政府承担评估费用的 50%（上限为 28000 港元），其余由企业承担	3 个月内完成，期间包括向香港生产力促进局提交评估报告	由顾问公司检查和评估工厂的生产流程，找出具有清洁生产潜力的环节，并提供相应措施，按照预期收益将不同措施分类，给出建议的实践计划方案
示范项目	政府承担评估费用的 50%（上限为 33000 港元），其余由企业承担	12 个月内完成，期间包括向"伙伴计划"秘书处提交中期进度报告和最终评估报告	根据工厂的生产行业，由工程公司安装相应的改进设备或调整生产工序，向企业展示清洁生产的效益；同类行业技术的项目尽可能在营运规模或作业方式不同的工厂进行，以检验技术的可推广程度
机构支援项目	资助额度最多为项目费用的 90%，其余由行业组织承担	12 个月内完成	资助非营利的工商业协会和行业商会举办清洁生产技术的宣传推广活动，促进企业对业内清洁生产技术的了解，包括开展工作坊、制作技术实用指南、建立网上平台等

一、针对企业的激励措施

1.技术中介机构的作用

从结果来看，技术转让强调的是技术供给方与技术需求方之间的交易，但在现实情况中，技术转让市场像其他市场一样具有信息不对称的特点，形成技术转让的障碍。一方面，买卖双方要在技术市场上分别找到意愿产品的供给和需求，搜寻信息的过程需要耗费时间和人力物力；另一方面，由于技术转让的两端主体都无法确保自己已经掌握了全部信息，即使已经有买方或卖方，双方对于价格是否合理、是否利己的认知缺少参考，在二者进行价格谈判时也可能产生分歧和摩擦，造成高昂的交易成本。此时，科技中介机构的引入就具有相当的重要性，承担了技术的市场定位、科技成果转移的催化剂的作用。对于清洁生产技术，在企业自身缺乏主动寻找合适技术的情景下，政府通过引入和建设有效的科技中介机构，能够降低企业开展创新的成本，降低实施清洁生产创新的阻力，从而创造有利于企业选择清洁生产技术的基础设施条件。

在"伙伴计划"中，"香港生产力促进局"接受"香港环境保护署"的委托，是涉及的政府部门中最主要的执行机构，其本身并不是专门的政府行政单位，而是香港特区政府扶持的官方科技中介机构，为各行业的企业提供技术改进的有偿服务，如技术培训、商业评估和支援、科技及商业配对等。而直接与厂商对接清洁生产评估、技术建议或改造的环境技术顾问公司和环境技术工程公司，则是作为私人部门的科技中介机构。因此，在实施"伙伴计划"的过程中，"香港生产力促进局"具有充分的专业能力，审核企业提交的项目申请和环境服务公司的资质；顾问公司和工程公司具有营利私有的性质，在其营业资质得到保证后，能够以符合市场规律的方式沟通和协调技术转让和服务的价格，促进技术研发创新和技术转让购买的良性循环。

事实上，""香港生产力促进局""的机构功能十分广泛，除了推进政府鼓励开发的科技成果产业化而进行的工商业培训和支援服务，该机构下设还有研发设计部门和中试车间，可以在一些领域进行专业的技术创新和研发。基于机构的组织和人才资源，"香港生产力促进局"成立了特定的私有性质企业，如香港生产力科技（控股）有限公司、生产力（东莞）咨询有限公司。综合上述范围，"香港生产力促进局"本身其实具有与"伙伴计划"的生产企业建立合同中介服务关系的能力。因此可以看到，"伙伴计划"中顾问公司和工程公司的参与，能够保证"香港生产力促进局"自身其他业务的正常发展，更重要的是，避免了中介机构占据垄断地位、处于信息不对称的优势方，从而使得生产企业在接受和使用清洁生产技术的过程中，市场依然发挥着调节作用，而不是在政府调控中失去了市场的灵活性。

2.资金支持降低初次成本

前述的完善的技术中介机构体系能够从外部环境，为企业知晓、获得和使用清洁生产技术搭建了桥梁，而企业的自身资金能力决定了其主观的接受意愿和客观的接受条件。若企业盈利规模有限，在维持收益的稳妥考虑下可能并不会产生改进生产流程的主动诉求。即使技术中介机构帮助生产企业制定了清洁化方案，当新技术的价格或方案的实施成本高于企业的承受范围时，中介机构的协调也无法促成技术转让的实现。没有了单个企业的技术进步，由诸多微观企业共同采纳清洁生产技术所形成的技术扩散也同样无从实现。

由于环境是一种公共物品，政府需要制定具有清洁生产技术偏向性的激励政策，打破传统末端治理的技术进步路径，调整市场失灵。政策激励的形式主要基于庇古的税费理论和科斯的产权理论展开，其中清洁生产技术补贴就属于庇古手段，将厂商进行清洁生产带来的环境正外部性以补贴的形式内部化为其收益。相对于征收税费等其他庇古手段和排放交易的科斯手段，技术资助的效果在实证研究中更为明显。在"伙伴计划"中，成功申请项目的生产企业一方面可以获得"伙伴计划"规定的专项资助，另一方面若完成了清洁生产技术改造并通过审核，还可以申请广东省经济和信息化委下设的有关清洁生产的专项资金。因此，引入清洁生产技术作为涉及生产流程的重要投资，对于珠三角地区的企业而言付出的成本在可控范围内，还可以获得清洁生产带来的长期资源使用效率提高、节能降耗的效益，增加了推动企业采纳清洁生产技术的动力。

值得注意的是，补贴激励并不是必然有利于清洁生产技术在产业中的应用转化和扩散的。从理论上看，资金补助能够增加购买和引入清洁生产技术的企业数量，扩大清洁生产技术以及清洁生产产品的市场规模；但是，结合我国在其他领域使用补贴制度的经验，需要避免政策目标与实际补贴效果偏离的情况。例如，旨在扩大国内总需求、提高农村居民生活水平的家电下乡制度，在实施后期出现补贴企业以假冒伪劣产品牟取更多利益，影响补贴资源配置，扰乱市场秩序的现象。"伙伴计划"中，资金补贴只占项目费用的一部分，并且是随着项目申请一次性完成的，即厂商需要对自身清洁生产技术的水平和吸收能力负责，以保证这次清洁生产技术投资的长期收益。另外，"伙伴计划"每一期都确定了具体的时间范围，从2008年首次推出至今的延长期限是基于市场需求的决定，对产业内企业的资助在时间和数量上都是有限的，能够在一定程度上防止激励过度而导致产能相对过剩的结果。

3. 减少其他潜在风险

除了技术的价格成本，风险和不确定性也是影响企业采纳清洁生产技术的重要因素，体现在清洁生产技术进入企业后的各个方面，在某种程度上决定了技术能否切实给企业带来应有的效益。首先，生产技术的改变可能会需要企业对组织结构做出相应调整，企业的整体工作人员都需要接受和理解引进清洁生产技术的原因、意义以及其带来的变化，否则，从管理决策层到基层的沟通传达不畅有可能引起内部的反对、不配合，反而给企业造成损失。其次，企业自身对清洁生产技术的适应性并没有十足的把握，不同企业对技术的驾驭能力也有所差别，如果企业购买清洁生产技术后不能对其消化和吸收，相比其他企业可能会造成竞争中的劣势，影响企业积极性的同时，也不利于清洁生产技术的新一轮创新和扩散。最后，新技术下的产品特性可能与原有产品不同，市场对新产品的接受度是未知的，新产品的盈利结果是不确定的。相比市场规模大、资金流量充足的大型企业，资本有限的中小企业往往并不会选择主动冒风险开辟新的产品市场。

对于这些潜在的风险，"伙伴计划"通过考虑企业与工商业协会、企业与消费者之间的关系，创造更为广泛的促进清洁生产的外部环境，降低了企业可能遭受的损失。其一便是以机构支援项目激励行业协会的更多参与。自改革开放逐步建立市场经济以来，行业协会在沟通企业和政府、促进行业进步发展等方面起到了不可或缺的作用；同时，在环境治理方面，行业协会也对企业的环境行为形成外部压力。因此，行业协会掌握着行业整体的发展动向，对业内清洁生产技术的种类、特点等有更专业的了解，既能够鼓励清洁生产的业内推广，又能为已采纳技术的生产企业提供必要的帮助。例如，由"香港印刷业商会"向"伙伴计划"申请实施的"印刷业清洁生产新领域"项目，包括针对不同印刷业适用的清洁生产技术制作介绍短片、组织企业参加香港国际印刷及包装展以了解专业技术进展和原理、组织企业参观已执行清洁生产技术的示范印刷厂以学习借鉴厂家经验[①]。

"伙伴计划"中的"标志计划"则连接起消费者与清洁生产产品的关系，目的在于辅助创造市场需求。对市场需求的预期是企业经营决策的基础，当消费者普遍反映出对清洁生产技术产品的需求，意味着企业的清洁生产技术会是占据市场的重要优势，能够将技术的环境效益转化为产品销售的经济效益，从而形成企业使用技术的动力。由于这种动力来自企业盈利的目的地即市场，当市场传递出这种信号时，企业所获得的激励是十分强烈而明确的。例如，维达集团继2013年被选为"伙伴计划"的示范项目后，再于2015年获得"粤港清洁生产伙伴（制造业）"标志，实现国内所有工厂通过森林管理委员会（FSC）

---

① 清洁生产伙伴计划网.印刷业清洁生产新领域项目[EB/OL].清洁生产伙伴计划网.

林产品监管链认证，实践了企业可持续发展的品牌价值理念[①]。

二、信息沟通和反馈监督

"伙伴计划"是一项目标为促进生产企业采纳清洁生产技术、改善地区环境质量的政策措施，在设计和规划针对企业的激励措施之后，还需要建立一般管理机制的环节，保证政策的实施形式和程序能够合理开展。信息管理是环境管理的保障机制，是其他许多环节的基础，包括政府决策、政策评估等，因此理想的信息管理，是从丰富的信息来源中，获取高质量的信息，并且对所有利益相关方都是可获得的，降低了各利益相关方的成本。对应在"伙伴计划"中，表现为政府部门与其他的参与者均有信息的沟通渠道（其中了解民众对清洁生产企业的态度，是通过"香港环境保护署"的举报投诉平台，并不完全属于"伙伴计划"的构成机制）：通过生产企业提交的结项审核和项目报告，了解企业申请项目的效果；通过定期审核和评估环境技术供应商的资质，了解顾问公司和工程公司的最新信息；通过批准和公开行业协会的申请项目，了解行业协会的需求和业内清洁生产发展状况。与信息源的沟通途径一同建立的，还有信息公开的平台：生产企业申请的成功项目案例和示范项目的个案报告，均在官方网站上公开，文件中列明了项目编号和时间、企业行业和应用的技术、负责的环境技术供应商单位、企业生产概况和定量指标前后对比等信息；审核通过的两类环境技术服务商的名单，可在网站上查看；工商行业协会的项目执行活动，在网站上均有记录；清洁生产的基础知识如清洁生产工具箱、清洁生产行业指标及基准，以及"伙伴计划"实施以来所采用的清洁生产技术，按照行

---

① 维达集团.维达获颁2015年"粤港清洁生产伙伴"制造业标志 [EB/OL]. 维达集团官网，2015-11-13.

业分类在网站上展示。

这些公开的技术、案例和机构信息，不仅为政府评估政策效果提供了依据，而且对于未申请"伙伴计划"的生产企业提供了许多有用的参考信息，降低了他们搜寻清洁生产信息的成本，有利于他们寻找合适的技术中介机构、选择和应用与自身情况匹配的清洁生产技术。

除此之外，从政府的角度，与各利益相关方保持信息交流的畅通，也是对反馈结果进行监督核查、评估改进的需要。例如，在"标志计划"中获得"粤港清洁生产伙伴"标志的企业，在两年后需要重新报告厂商的生产状况，接受清洁生产技术的重新审查，如果结果未通过则终止标志的授予，这样能够督促企业保持清洁生产技术的使用。而且，由于"清洁生产"的概念具有相对性，即清洁生产技术是有一定时效的，可能会随着技术经济的提升产生落后的清洁生产效率，定期的监督反馈机制能够促进清洁生产技术动态地、持续地演进和创新，从而带动新一轮的技术转让和扩散。

三、清晰明确的政府机构组织分工是机制有效运行的前提

根据2012年修订的《中华人民共和国清洁生产促进法》，由清洁生产综合协调部门负责组织和协调，由环境保护、工业、科学技术、财政等部门负责有关职责内的清洁生产促进工作。有关清洁生产技术的规定为："国务院和省、自治区、直辖市人民政府的有关部门，应当组织和支持建立促进清洁生产信息系统和技术咨询服务体系，向社会提供有关清洁生产方法和技术、可再生利用的废物供求以及清洁生产政策等方面的信息和服务""国务院清洁生产综合协调部门会同国务院环境保护、工业、科学技术、建设、农业等有关部门定期发布清洁生产技术、工艺、设备和产品导向目录。"可以看出，清洁生产的推广需要多个部门参与合作，但不明确的职能分工，

可能造成"政出多门"的情况，而综合协调部门也未能发挥权威专业的协商平台的作用，反而制约了下级机构的具体实施行动。例如，工信部与环保部分别于2009年和2010年先后下发了《工业和信息化部关于加强工业和通信业清洁生产促进工作的通知》《关于深入推进重点企业清洁生产的通知》，在审核和评估等方面均有强调，因此对于地方的工业和信息化和环境保护主管部门来说，需要在这些环节加强协调沟通，才能形成一致的工作方案。

对于清洁生产技术的商业化促进工作，现实中政府机构的责任确定难度更大——一方面，由于《清洁生产促进法》并没有说明负责的"有关部门"，诸多部门既可以就清洁生产技术出台自身的部门规章，也可以将其排除在自身的工作范围之外，使得清洁生产技术无法得到理想的政府助力，也就难以在中小企业间推广和扩散。另一方面，自国家推行清洁生产以来，从中央到省级和许多市级政府都成立了清洁生产中心，但是这些机构与环保部、工信部、财政部等政府部门的关系并不清楚，在清洁生产技术商业化中的功能定位也较为模糊。因此，清洁生产技术推广中出现的技术咨询服务企业水平参差不齐、技术标准规范落后等问题的解决一直进展缓慢，影响了清洁生产技术的市场构建和运行。表2为"伙伴计划"中各政府机构的角色分工，其中"香港环境保护署"和广东经信委分别代表两地的政策统筹领导单位，"香港生产力促进局"是最主要的执行机构，由广东清洁生产协会协助，此外还设立专门的委员会，监督"伙伴计划"的实施情况。科研单位、技术中介商和生产企业均可以找到与他们建立信息或资金联系的政府单位，提高了实施效率，同时也使得内部的问责处罚有据可依。

表 2　"伙伴计划"中的行政机构

名称	角色和职能
"香港环境保护署"	获得"香港立法会财务委员会"的拨款,向"伙伴计划"提供资金支持
广东省经济与信息化委员会	与"香港环境保护署"交流和协调制定"伙伴计划"的实施方案,指导广东省清洁生产协会在"伙伴计划"中的工作
"香港生产力促进局"	"伙伴计划"的执行机构,包括提供企业人员培训、组织企业与环境技术服务商的匹配,协助广东省清洁生产协会审核申请企业的清洁生产标准等
广东省清洁生产协会	审核和确认项目完成企业的清洁生产水平,组织合格企业的资质颁发、年度复审等工作
"伙伴计划"项目管理委员会	由"香港环境保护署"领导,成员包括工业贸易署、主要工商业协会("香港总商会""香港工业总会""香港中华厂商联合会"及"香港中华总商会")的代表、1位独立学术界或专业机构专家、1位代表"香港创新科技署"的增选委员组成,监督"香港生产力促进局"对"伙伴计划"采取的实施行动

四、生产企业的成本效益是机制发挥驱动效果的核心

20世纪70年代欧美发达国家针对企业污染治理,开始提出"污染预防""源削减""零废物生产"等控制思路,为后期相关理念的发展以及清洁生产概念的确定奠定了基础。由此可知,企业是清洁生产技术采纳、清洁生产实施的最终主体,这一点在《清洁生产促进法》、行业清洁生产技术方案等法律法规中也得到体现。面对不同的环境治理方式,企业并不一定按照政府的意愿进行选择,而是作为理性经济人从利益最大化的角度来考虑。由于清洁生产技术及其扩散机制具有环境的正外部性,即使有技术创新产生,企业在衡量环境效益与经济效益、短期效益与长期效益之后,也不一定会使用创新的清洁生产技术。因此,政府如果要达到促进企业广泛接受

清洁生产技术、实现清洁生产技术走向市场并在行业内扩散的目标，需要从影响企业决策的成本和收益因素入手，创造推动企业普遍采纳和使用清洁生产技术的动力。

前述的"伙伴计划"针对生产企业所制定的激励措施，都是围绕"增加收益、降低成本"的原则进行的（如图2所示）。首先，技术中介提供的服务，使厂商消除了技术信息获取、技术能力培养等方面的成本。实地评估项目和示范项目提供的资金补助又降低了获取服务和实施工程中的成本，使得政府经过审查而搭建的技术中介平台能够发挥作用，技术中介服务商作为资源对厂商来说是切实可利用的。其次，清洁生产技术本身的效率改进特性对生产企业就具有一定吸引力，而广东省清洁生产专项资金与"伙伴计划"相配套的奖励支持规定，将清洁生产技术采纳的行为直接结果转化为给予企业的奖金，增加了企业的额外收入。最后，"标志计划"所能够带来的产品形象树立，是企业的一种长期潜在收益，随着社会整体环境意识的增强将逐渐显现出来。

图2 "伙伴计划"中生产企业采纳清洁生产技术的成本效益

从对生产企业的调查研究中也可以看到，如果会主动产生愿意接受清洁生产技术的决定，首要的原因基本都是"降低成本，从而利润最大""追求经济利润"。因此，在制定向中小企业推广清洁生产技术的政策时，仅有个别激励措施的存在并不必然驱动生产企业以一定规模做出工艺流程技术的改变，而需要基于企业的成本和收益的角度，制定有针对性的全面政策。例如，国家发改委和环境保护部自2000年颁布了3批《国家重点行业清洁生产技术导向目录》，涵盖了141项清洁生产技术；工信部自2009年起颁布了近40个行业的清洁生产技术推行方案，涉及300余项清洁生产技术。但是，政府部门发布的这些技术名录并没有关于技术成本的信息，在国家和地方的清洁生产中心网站上也没有这些技术的详细介绍或技术中介机构的参考推荐名单。虽然有地方清洁生产专项资金政策，但中小企业仍需要更多的信息搜寻成本投入，以获知哪种技术是适合的、价格水平是多少、实施改造过程是怎样的，等等。生产企业存在对成本效益的顾虑，其行为动机不足以促使采纳清洁生产技术的行为发生，所以政策激励机制是不完整的，清洁生产技术的转让和扩散也就无法实现。

五、经验与启示

通过以上分析，可以看到生产企业是整个清洁生产技术转让和扩散的主要行动方，政府要实现保护环境、调控企业生产行为，需要从其追求利润最大化的行为目的出发设计激励政策，包括从技术基础机构设施、技术负担成本、技术衍生经济效益等方面尽可能全面地为厂商创造主动采纳清洁生产技术的诱导因素；同时，政府作为制定这一系列措施的机构，要保证自身组织内部的执行效率，包括管理体制、资金、信息等方面的顺利运行。在"伙伴计划"的案例里，前者体现在资助项目、参与群体的多样性上，使得企业接受清洁生产技术的决策能够从与多个社会主体利益关系中获得潜在收益；后者则体现在政府机构的分工安排上，从当地部门的上下层级到跨区域部门的协调合作，都对应有清晰的权力和责任。固然"伙伴计划"在资金来源、技术行业种类上还存在一定不足，如项目的所有资金支持来自政府财政，缺少金融机构参与的市场资金利用。但是这一计划在近十余年成功实施的经验，对我国突破清洁生产"行政推动大、企业响应小"的局面还是有一定借鉴意义的。

参考文献

1. 钱易，唐孝炎. 环境保护与可持续发展 [M]. 北京：高等教育出版社，2000.

2.Thomas E. Graedel，Jennifer A. Howard-Grenville. 绿色工厂观点、方法与工具 [M]. 晓东，翁端，译. 北京：清华大学出版社，2006.

3. 陶在朴. 生态包袱与生态足迹 [M]. 北京：经济科学出版社，2003.

4. 曼彻斯特大学可持续消费研究所，消费者、企业与气候变化 [R].2009.

5. 王磊，李慧明. 交易成本、使用寿命与行为选择 [J]. 经济管理与研究，2010（3）：5-10.

6. 魏茨查克，洛文斯，A.B. 等. 四倍跃进 [M]. 北京：中华工商联合出版社，2001.

7. 武春友. 资源效率与生态规划管理 [M]. 北京：清华大学出版社，2006.

8. 李岩. 循环经济与北京：发展·问题·对策 [M]. 北京：中国经济出版社，2015.

9. 世界银行. 里约后五年——环境政策的创新 [M]. 北京：中国

环境科学出版社，1999.

10. 吕永龙. 环境技术创新及其产业化的政策机制 [M]. 北京：气象出版社，2003.

11. 张世秋. 中国环境管理制度变革之道：从部门管理向公共管理转变 [J]. 中国人口·资源与环境，2005（4）:90-93.

12. 联合国环境署. 迈向绿色经济——实现可持续发展和消除贫困的各种途径 [R].2011.

13. 伦纳德·奥托兰诺. 环境管理与影响评价 [M]. 北京：化学工业出版社，2004.

14. 戴维·里德. 结构调整、环境与可持续发展 [M]. 北京：中国环境科学出版社，1998.

15. 廖红，克里斯. 朗革. 美国环境管理的历史与发展 [M]. 北京：中国环境科学出版社，2006.

16. 绿色工业——社区、市场和政府的新职能 [R]. 世界银行，2000.

17. 加强中国生态工业园区的监管框架：中外绿色标准比较分析 [R]. 世界银行，2019.

18. 包存宽，王金南. 面向生态文明的中国环境管理学——历史使命与学术话语 [J]. 中国环境管理，2019（2）.

19. 习近平. 推动我国生态文明建设迈向新平台 [J]. 求是，2019.

20. 王玉庆. 中国环境保护政策的历史变迁 [J]. 环境与可持续发展，2018（4）.

21.Braden R. Allenby. 工业生态学政策框架与实施 [M]. 翁端，译. 北京：清华大学出版社，2005.

22.T. E. Gradel and B. R.Allenby. 产业生态学：第二版 [M]. 施涵，

译.北京：清华大学出版社，2004.

23. 布鲁斯.米切尔.资源与环境管理 [M].北京：商务印书馆,2005.

24.OECD 环境经济与政策丛书.生命周期管理与贸易 [M].北京：中国环境科学出版社，1996.

25. 托马斯.斯纳德.环境与自然资源管理的政策工具 [M].张蔚文，黄祖辉，译.上海：上海三联书店，2005.

26. 周海林.可持续发展原理 [M].北京：商务印书馆,2004.

27. 叶文虎，张勇编著.环境管理学 [M].北京：高等教育出版社，2006.

28. 兰德尔.资源经济学 [M].北京：商务印书馆，1989.

29. 戴星翼.环境与发展经济学 [M].上海：立信会计出版社,1995.

30. 武春友.资源效率与生态规划管理 [M].北京：清华大学出版社，2006.

31. 段宁，乔琦，等.循环经济理论与生态工业技术 [M].北京：中国环境科学出版社，2009.

32. 陈吉宁.着力解决突出环境问题 [N].人民日报，2018-01-11.

33. 李岩.构建与绿色发展理念相协调的环境管理体制 [N].北京日报，2017-11-27.

34. 中国可持续消费研究报告 [R].联合国环境署，2017.

35. 马中.环境经济与政策：理论及应用 [M].北京：中国环境科学出版社，2010.

36. 王华，郭红燕.环境社会治理从理念到实践 [M].北京：中国环境科学出版社,2015.

后 记

　　终于结束近三个月的"667"工作模式，身心顿感轻松。这十几年来无论是教学还是科研都与我国的环境管理体制和政策密切相关，亲身见证了我国环境管理的改善、变革与创新。从2006年我的博士论文《促进我国清洁生产的政策机制研究》完稿，到2013年受北京市优秀人才计划项目资助，出版《循环经济与北京：发展·问题·对策》(中国经济出版社)，再至2018年年底接受光明日报出版社的"博士生导师学术文库"任务，准备撰写《构建与绿色发展相适应的环境管理体系研究》，每一本书都是我不断累积的见证。

　　生态文明体制建设呼唤绿色发展，我国的发展模式正在从高速度向高质量逐渐转型。经济发展与环境保护之间的客观矛盾需要环境管理手段化解，绿色发展意味着原有的平衡关系被打破，如何构建新的平衡适应生态文明建设的需求，应该是理论研究者亟待思考的问题。环境管理从20世纪70年代初被首次提出，半个世纪以来无论理论还是实践手段都被不断丰富和创新，我国独有国情需要理论工作者在借鉴已有国际经验的基础上，结合我国实际的发展需求分析问题、解决问题。只有提高环境管理理论研究水平，才能更好地服务中国社会经济的发展。

　　这段时间的写作既是体力的考验，也是心智的磨难，基于社会责任感和使命感，到最后终于咬牙坚持下来。无论是绿色生产还是绿色消费都是在探索阶段，由于本人的理论水平和写作能力有许多不足，希望各位以宽容的态度对待这本专著，我也殷切希望这本书能起到抛砖引玉的作用。

2019 年 4 月 24 日

于中国人民大学环境学院